**ISW 27**

Berichte aus dem Institut für Steuerungstechnik
der Werkzeugmaschinen und Fertigungseinrichtungen
der Universität Stuttgart

Herausgegeben von Prof. Dr.-Ing. G. Stute

H. WÖRN

# Numerische Steuersysteme
## Aufbau und Schnittstellen eines
## Mehrprozessorsteuersystems

Springer-Verlag
Berlin · Heidelberg · New York 1979

D 93

Mit 66 Abbildungen

ISBN-13:978-3-540-09424-1     e-ISBN-13:978-3-642-87673-8
DOI:10.1007/978-3-642-87673-8


2362/3020 — 543210

## Vorwort des Herausgebers

Das Institut für Steuerungstechnik der Werkzeugmaschinen und Fertigungseinrichtungen der Universität Stuttgart befaßt sich mit den neuen Entwicklungen der
Werkzeugmaschine und anderen Fertigungseinrichtungen, die insbesondere durch
den erhöhten Anteil der Steuerungstechnik an den Gesamtanlagen gekennzeichnet
sind. Dabei stehen die numerisch gesteuerte Werkzeugmaschine in Programmierung, Steuerung, Konstruktion und Arbeitseinsatz sowie die vermehrte Verwendung des Digitalrechners in Konstruktion und Fertigung im Vordergrund des Interesses.

Im Rahmen dieser Buchreihe sollen in zwangloser Folge drei bis fünf Berichte pro
Jahr erscheinen, in welchen über einzelne Forschungsarbeiten berichtet wird. Vor-
zugsweise kommen hierbei Forschungsergebnisse, Dissertationen, Vorlesungsmanu-
skripte und Seminarausarbeitungen zur Veröffentlichung.

Diese Berichte sollen dem in der Praxis stehenden Ingenieur zur Weiterbildung
dienen und helfen, Aufgaben auf diesem Gebiet der Steuerungstechnik zu lösen.
Der Studierende kann mit diesen Berichten sein Wissen vertiefen.

Unter dem Gesichtspunkt einer schnellen und kostengünstigen Drucklegung wird
auf besondere Ausstattung verzichtet und die Buchreihe im Fotodruck hergestellt.

Der Herausgeber dankt dem Springer-Verlag für Hinweise zur äußeren Gestaltung
und Übernahme des Buchvertriebs.


Stuttgart, im Februar 1972

Gottfried Stute

Inhaltsverzeichnis                                          <u>Seite</u>

## SCHRIFTTUM


/1/ Stute, G.

Die Entwicklung der Steuerungstechnik
unter dem Einfluß der Bauelemente.
wt-Z. ind. Fertig. 66 (1976) Heft 12,
S. 683 ... 690.

/2/ Weck, M.
Verhaag, E.

Nutzung der Prozeßrechnerfähigkeiten
zum Aufbau neuer CNC Konzepte.
wt-Z. ind. Fertig. 66 (1976) Heft 9,
S. 497 ... 501.

/3/ Götz, E.
Wörn, H.

Bussysteme für Werkzeugmaschinen-
steuerungen.
wt-Z. ind. Fertig. 66 (1976) Heft 9,
S. 511 ... 516.

/4/ Stute, G.

Steuerungstechnik I und II,
Vorlesungsmanuskript Universität
Stuttgart, 1977.

/5/ Maier, K.

Grenzregelungen an Werkzeugmaschinen.
Berlin/Heidelberg: Springer-Verlag 1974.

/6/ Stute, G.
Döttling, W.
Wörn, H.

Betriebsdatenerfassung in flexiblen
Fertigungssystemen.
wt-Z. ind. Fertig. 66 (1976) Heft 1,
S. 1 ... 6.

/7/ Storr, A.
Wörn, H.

Trends zur zweiten internationalen Werk-
zeugmaschinenausstellung.
und oder nor + Steuerungstechnik (1977)
7/8, S. 33 ... 34.

/8/ Spur, G.
Stute, G.
Weck, M.

Rechnergeführte Fertigung.
München-Wien : Carl Hanser Verlag 1977.

/9/  Storr, A.                 Prozeßrechnereinsatz in der Fertigungs-
                             technik. Vorlesungsmanuskript Univer-
                             sität Stuttgart, 1977.

/10/ Stute, G.                 Grundgedanken von MPST.
                             Informationstagung MPST am 23.2.1978.
                             hrsg. vom ISW-Institut für Steuerungs-
                             technik, Stuttgart 1978.

/11/ Stute, G.                 Steuerung flexibler Fertigungssysteme.
     u.a.                      Forschungsbericht KFK-PDV 107.
                             Gesellschaft für Kernforschung
                             Karlsruhe, Februar 1977.

/12/ Wörn, H.                  Mikroprozessoreinsatz zur Betriebsda-
     Spieth, U.                tenerfassung und zur Steuerung und Be-
     Fink, H.                  dienung von Werkzeugmaschinen.
                             Forschungsbericht KFK-PDV 101,
                             Gesellschaft für Kernforschung
                             Karlsruhe, Januar 1977.

/13/ Binder, D.                Interpolation in numerischen
                             Bahnsteuerungen.
                             Berlin/Heidelberg: Springer-Verlag 1979.


/14/ Stute, G.                 Steuerungen an Werkzeugmaschinen.
                             Tagungsbroschüre des ICM'77 -
                             Internationaler Congress für Metallbe-
                             arbeitung.
                             hrsg. vom VDW - Verein Deutscher Werk-
                             zeugmaschinenfabriken e.V., Frankfurt
                             1977.

/15/                           TTL - Kochbuch.
                             Texas Instruments, Deutschland 1972.

/16/                           MC MOS Handbook.
                             Motorola Inc., 1973.

/17/ Binder, D.
      Wörn, H.

Entwicklung der digitalen Halbleitertechnik und ihr Einfluß auf den Ma-
schinenbau.
Konstruktion 29 (1977) Heft 6,
S. 219 ... 229.

/18/ Wörn, H.

Mikrocomputer mit programmierbaren
Schnittstellen. Bericht über den
Mikrocomputer SBC 80/10 von Intel.
und oder nor + Steuerungstechnik (1976)
7/8, S. 22.

/19/

Begriffe zur Fernwirktechnik.
NTG 2001, Nachrichtentechn. Z. 29 (1976)
Heft 1, S. 21 ... 36.

/20/

Prozeßrechnerfamilie AEG 80.
Systemhandbuch E/A-Bus.
AEG Juli 1975.

/21/ Kürner. H.

Prozeßrechner Schnittstellen.
Regelungstechnische Praxis (1975)
Heft 11, S. 331 ... 340 und Heft 12,
S. 361 ... 369.

/22/

IEEE Standard Digital Interface for
Programmable Instrumentation.
The Institute of Electrical and
Electronics Engineers, Inc.
(345 EAST 47 STREET, NEW YORK,
W.Y. 10017), October 75.

/23/ Rauch, P.
      Wörn, H.

Busstrukturiertes Mehrprozessorsteuersystem - Prinzip und Erprobung -
wt-Z. ind. Fertig. 68 (1978) Heft 6,
S. 335 ... 342.

/24/ Lotze, A.

Datenverarbeitung.
Vorlesungsmanuskript Universität
Stuttgart, 1970/71.

/25/ Swoboda  J.       Codierung zur Fehlerkorrektur und
                      Fehlererkennung.
                      München-Wien: R. Oldenbourg Verlag 1973.

/26/ Trändle, K.      Einführung in die Pulscodemodulation.
     Weiß, R.          München-Wien: R. Oldenbourg Verlag 1974.

/27/                  CAMAC Data Way.
                      EURATOM-Bericht Nr. EUR 4100e TID 25875,
                      1972.

/28/                  CAMAC Branch Highway.
                      EURATOM-Bericht Nr. EUR 4600e TID 25876,
                      1972.

/29/                  MUDAS-P Systembeschreibung.
                      Dornier-System, 1976.

/30/                  CAMAC, Serial System Organisation.
                      ESONE/SH/01, Dez. 73.

/31/ Buxmeyer, E.     Serielles Bussystem für industrielle
     Haussmann, G.    Anwendung unter Echtzeitbedingungen
     Mielentz, P.     (PDV-Bus).
     Walze, H.        Forschungsbericht KFK-PDV70,
                      Gesellschaft für Kernforschung
                      Karlsruhe, Mai 1976.

/32/ Stute, G.        A Modular Function orientated Multi-
     Wörn, H.         processor-NC-System.
                      Bern: Hallwag, Annals of the C.I.R.P.,
                      Vol. 27 I, 1978, S. 261...264.

/33/ Spieth, U.       Aufbau und Organisation von NC-Funktio-
                      nen. Tagungsunterlage zur Informations-
                      tagung MPST - Modulares Mehrsprozessor-
                      steuersystem am 23.2.1978.
                      hrsg. vom ISW - Institut für Steuerungs-
                      technik, Stuttgart  1978.

/34/ Weck, M.
     Baukloh, F.
     Werth, K.          Integration von komplexen Funktions-
                        erweiterungen für Werkzeugmaschinen-
                        steuerungen.
                        Tagungsunterlage zur Informationstagung
                        MPST - Modulares Mehrprozessorsteuersy-
                        stem am 23.2.1978, hrsg. vom ISW - Insti-
                        tut für Steuerungstechnik, Stuttgart  1978.

/35/ Marko, H.
     Lange, H.          Datenübertragung und automatische
                        Fehlerkorrektur.
                        Jahrbuch des elektrischen Fernmelde-
                        wesens.
                        Bad Windsheim: Verlag für Wissenschaft
                        und Leben, Georg Heidecker 1963.

/36/ Bauer, E.          Rechnerdirektsteuerung von Fertigungs-
                        einrichtungen.
                        Berlin/Heidelberg: Springer-Verlag 1975.

/37/                    Forschungsvorhaben 0412 "Bus-line-System
                        zur Ansteuerung der Stell- und Meßglie-
                        der an Werkzeugmaschinen".
                        Zwischenbericht zur Sitzung der Arbeits-
                        gruppe am 14.Januar 1977.
                        Lehrstuhl und Laboratorium für Technolo-
                        gie und Werkzeugmaschinen, TH Darmstadt
                        1977.

/38/ Stute, G.
     Döttling, W.
     Firnau, J.
     Wörn, H.           Informationsverarbeitung in flexiblen
                        Fertigungssystemen.
                        Proceedings of the CIRP Seminars on
                        Manufacturing systems. Vol. 5, No 3,
                        1976, S. 183 ... 202.

/39/ Wörn, H.
     Döttling, W.          Wirkungsweise und Einsatzmöglichkeiten
                           eines Eingriffsensors.
                           wt-Z.ind. Fertig. 67 (1977)
                           Heft 5, S. 293 ... 295.

/40/                       Z80-PIO Technical Manual
                           Zilog 1976

/41/ Binder, D.
     Jetter, H.            Mikroprozessoreinsatz bei Fertigungs-
     Wörn, H.              einrichtungen - Lösungen zur Steuerung
                           und Betriebsdatenerfassung.
                           wt-Z. ind. Fertig. 66 (1976)  Heft 9,
                           S. 517 ... 520.

## ABKÜRZUNGEN

| | | | |
|---|---|---|---|
| A | Ausgabe | CMOS | Complementary MOS |
| A0..A15 | Adreßbits | CNC | Computerized Numerical Control |
| AC | Adaptive Control | CS | Tri-State-Steuerein-gang |
| ACC | Adaptive Control Constraint | CSH | CAMAC Serial Highway |
| ACO | Adaptive Control Optimization | D | Datum |
| A/D | Analog/Digital | D0..D15 | Datenbits |
| $ACK_{i/o}$ | Antwortsignal auf SRQ (Acknowledge, Input/Output) | D/A | Digital/Analog |
| AP | Antwortprogramm | DB | Datenbyte |
| ASP | Alarmsystem für ein paralleles Bussystem | DBS | Datenbus |
| ASS | Alarmsystem für ein serielles Bussystem | Dc | Decodierung |
| AZ | Adreßzähler | DMA | Direct Memory Access |
| B | Bit | DMARQ | Direct Memory Access Request |
| BB | Bus belegt | DMAACK | Direkt Memory Access Acknowledge |
| BCD | Binär Codierte Dezimalzahl | DNC | Direct Numerical Control |
| BD | Bidirektional | DÜPF | Datenübertragung Prozeßführungsebene-Datenverteilebene |
| BDE | Betriebsdatenerfassung | DÜST | Datenübertragung Steuerdatenverarbei-tungsebene – Stellebene |
| BDP | BDE-Prozessor | DÜTln | Datenübertragung inner-halb eines Teilnehmers |
| Biphase | 2-Phasen-Code | DÜVE | Datenübertragung inner-halb der Steuerdaten-verarbeitungsebene |
| BL | Busleitung | DÜVS | Datenübertragung Da-tenverteilebene-Steuer-datenverarbeitungsebene |
| BLA | Blockanfangsadresse | DVA | Datenverarbeitungs-anlage |
| BLL | Blocklänge | | |
| BOV | Busoperation gültig | | |
| BS | Busschalter | | |
| Byte | 8 bit | | |
| CAMAC | Computer Application to Measurement and Control | | |

| | | | | |
|---|---|---|---|---|
| E | Eingabe | | MSI | Medium Scale Integration |
| E/A | Ein-/Ausgabe | | MUDAS | Modulares, universelles Datenerfaß- und Steuersystem für erhöhte Anforderungen |
| EIA | Electronic Industries Association | | N | Nein |
| ENF | Einfriersignal | | NC | Numerical Control |
| EPROM | Erasable Programmable Read Only Memory | | NCBS | NC-Betriebssystem |
| EZ | Effizienz | | NCP | NC-Programmlauf |
| F | Ablauf | | NMOS | N – Channel – MOS |
| FC | Funktionscode | | NR | Nachricht |
| FIFO | First In First Out | | NRZ | No Return to Zero |
| FZ | Funktionszähler | | PA | Prozeßadresse |
| GL | Geschleifte Leitung | | PBS | Prozeßrechner-Betriebssystem |
| H | Hexadezimal | | PC | Programmable Controller |
| HDB | Higher Datenbyte | | PDM | Pulsdauermodulation |
| HWB | Hardwarebaustein | | PDV | Prozeßdatenverarbeitung |
| IEC | International Electrical Committee | | PDVB | PDV-Bus |
| INH | Inhibitsignal | | PFD | Power – Failure – Detect |
| I/O | Input/Output | | PS | Prioritätsschaltwerk |
| Ir | Istimpuls rückwärts | | PSS | Parallelschnittstelle |
| ISO | International Organization for Standardisation | | R | Read |
| ISWSB | ISW-Seriellbus | | RAM | Random Access Memory |
| Iv | Istimpuls vorwärts | | RBB | Rücksetzen Bus Belegt |
| J | Ja | | RDY | Ready (Antwortsignal auf BOV) |
| k | 1024 | | Reset | Rücksetzsignal |
| $K_B$ | Kennzeichnungsbit | | RFD | Ready for Data (Bereit zur Übernahme) |
| LDB | Lower Datenbyte | | RZ | Return to Zero |
| LPS | Low-Power-Schottky | | SA | Solladresse |
| LSI | Large Scale Integration | | SBNCFi | Softwarebaustein NC-Funktion i |
| MCNC | Mikrocomputer – CNC | | SEE | Serielle Empfangseinheit |
| MP | Mikroprozessor | | SL | Stichleitung |
| MPST | Mehrprozessorsteuersystem | | | |
| MOS | Metal Oxide Semiconductor | | | |

| | |
|---|---|
| SPZ | Speicherzelle |
| Sr | Sollimpuls rückwärts |
| SRQ | Service Request |
| $SRQ_A$ | Service Request Kanal A |
| SRQACK | Antwort auf SRQ (SRQ-Acknowledge) |
| SRQTlni | Service Request Teilnehmer i |
| $SRQ_B$ | Service Request Kanal B |
| SSE | Serielle Sendeeinheit |
| STA | Stationsadresse |
| STW | Statuswort |
| SUBA | Subadresse MPST-Bus |
| Sv | Sollimpuls vorwärts |
| SW | Sicherungswort |
| SWB | Softwarebaustein |
| TA | Teilnehmeradresse MPST-Bus |
| $T_{AZ}$ | Adreßzählertakt |
| TC | Ternärcode |
| $T_F$ | Grundtakt |
| Tln | Teilnehmer |
| TlnA | Teilnehmeradresse |
| $T_{MB}$ | Meßstellenbearbeitungsdauer |
| $T_{Pmax}$ | Maximale Pausenlänge |
| $T_{PZ}$ | Zugriffsabfrage Prozessor |
| TTL | Transistor-Transistor-Logik |
| TZ | Zentraler Takt |
| T1 | Zeitabstand 1 |
| T1min | Minimaler Zeitabstand |
| T2 | Zeitabstand 2 |
| T2max | Maximaler Zeitabstand |
| Ü | Überlauf |
| UD | Unidirektional |
| $V_{24}$ | Standardisierte Schnittstelle (DIN 6620) |
| W | Write |
| WZM | Werkzeugmaschine |
| ZE | Zeiterfassung |
| ZST | Zentralsteuerwerk |
| ZU | Zustandserfassung |
| ZUE | Zustands- und Zeiterfassung |

## FORMELZEICHEN UND INDIZES

| | | |
|---|---|---|
| B | bit | Anzahl von Bit |
| BLL | byte | Blocklänge |
| e | – | Anzahl der korrigierbaren Fehler bei reiner Fehlerkorrektur |
| $\bar{e}$ | – | Anzahl der erkennbaren Fehler bei reiner Fehlererkennung |
| $e^*$ | – | Anzahl der korrigierbaren Fehler bei Mischbetrieb |
| $\bar{e}^*$ | – | Anzahl der erkennbaren Fehler bei Mischbetrieb |
| ENDEZ | bit | Endezeichen |
| EntierX | – | Nächster ganzzahliger Wert von X |
| $EZ_{CSH}$ | – | Effizienz des CAMAC Serial Highway |
| $EZ_{PDV}$ | – | Effizienz des PDV-Bus |
| $EZ_{ISWSB}$ | – | Effizienz des ISW-Seriellbus |
| EW | – | Erwartungswert der Anzahl der Übertragungen |
| $G(u)$ | – | Generatorpolynom |
| $G_A(u)$ | – | Generatorpolynom des Abramson-Code |
| $G_1(u)$ | – | Teilpolynom beim Abramson-Code |
| h | – | Hamming-Distanz |
| $h_A$ | – | Hamming-Distanz des Abramson-Code |
| i | – | mehrfach benutzter Index; Fehlerzahl |
| $I_H$ | bit | Hininformation |
| $I_{H,R}$ | bit | Hin- und Rückinformation |
| $I_R$ | bit | Rückinformation |
| $k_1$ | DM/m | Kosten für die kleinste verfügbare Adernzahl/m |
| $k_2$ | DM/m | Multiplikative Kosten für eine mehradrige (mehrpaarige) Leitung /m |
| $K_A$ | DM | Kosten für den mechanischen Aufbau |
| $K_{EHS}$ | DM | Kosten für Hard- und Softwareentwicklung |
| $K_K$ | DM | Kabelkosten |
| $K_{SE}$ | DM | Kosten für Sender- und Empfängerschaltkreise |
| $K_{SEP}$ | DM | Kosten für einen Sender- und Empfängerschaltkreis bei paralleler Übertragung |
| $K_{SES}$ | DM | Kosten für Sender- und Empfängerschaltkreise bei serieller Übertragung |
| $K_{STEL}$ | DM | Kosten für die Steuerelektronik |

$K_{STELS}$   DM   Kosten für die Steuerelektronik bei serieller Übertragung

$K_{ÜT}$   DM   Kosten eines Übertragungssystems

$l$   m   Übertragungslänge, mittlerer Abstand zwischen zwei Teilnehmern

$ld$   –   Logarithmus Dualis

$lg$   –   Logarithmus zur Basis 10

$LS$   byte   Mittlere NC-Satzlänge

$l_G$   m   Grenzlänge zwischen paralleler und serieller Übertragung

$LP$   –   mittlere NC-Programmlänge in Sätzen

$m$   –   Anzahl der Nachrichtenstellen

$n$   –   maximale Teilnehmerzahl

$n_H$   –   Anzahl der Hardwarebausteine

$n_N$   bit   Anzahl der Nutzdatenbit der Nachricht

$n_S$   –   Anzahl der Softwarebausteine

$n_{ST}$   –   Anzahl der modularen Systeme

$n_Ü$   –   Anzahl der zu übertragenden Bit

$NCW$   –   Anzahl der Codeworte pro 24 Stunden

$NFCW$   –   Anzahl der gestörten Codeworte pro 24 Stunden

$NM$   –   Anzahl der Maschinen

$NP$   –   Anzahl der NC-Programme pro Maschine und pro 24 Stunden

$p_B$   –   Blockfehlerwahrscheinlichkeit

$p_E$   –   Bitfehlerwahrscheinlichkeit

$p_{EB}$   –   Bitfehlerwahrscheinlichkeit bei Büschelstörungen

$p_{Em}$   –   mittlere Bitfehlerwahrscheinlichkeit

$p_F$   –   Fehlerwahrscheinlichkeit eines Codewortes

$p_R$   –   Restfehlerwahrscheinlichkeit

$p_{RISWSB}$   –   Restfehlerwahrscheinlichkeit des ISW-Seriellbus

$p_{RE}$   –   Restfehlerwahrscheinlichkeit bei reiner Fehlererkennung

$p_{RE,K}$   –   Restfehlerwahrscheinlichkeit bei Fehlererkennung und Fehlerkorrektur

| | | |
|---|---|---|
| $p_{RK}$ | – | Restfehlerwahrscheinlichkeit bei reiner Fehlerkorrektur |
| $p_{\ddot{U}}$ | – | Wahrscheinlichkeit für die Anzahl der Übertragungen bis der Block fehlerfrei übertragen ist |
| $p_Z$ | – | Wahrscheinlichkeit, daß ein Zeichen gestört ist |
| $q_{\ddot{U}T}$ | – | Teileausschußquote |
| $r(i)$ | – | Reduktionsfaktor |
| $s$ | – | Anzahl der Codewortstellen |
| $s_A$ | – | Anzahl der Codewortstellen des Abramson-Code |
| START | bit | Startbit |
| STARTZ | bit | Startzeichen |
| STOP | bit | Stopbit |
| SYN | bit | Synchronisierinformation |
| SYNZ | bit | Synchronisierzeichen |
| $t$ | – | Zeit |
| $t1,2$ | – | Index |
| TlnA | bit | Teilnehmeradresse |
| $T_R$ | s | Übertragungsrahmendauer |
| TS | s | Mittlere NC-Satzdauer |
| $T_t$ | s | Taktbreite |
| $u$ | – | Variable |
| $U_B$ | V | Batteriespannung |
| $w$ | – | Anzahl der Wiederholungen |
| $y$ | – | Anzahl der Kontrollstellen |
| $y_1$ | – | Grad des Teilpolynoms $G_1(u)$ beim Abramson-Code |
| $y_{ISWSB}$ | – | Anzahl der Kontrollstellen des Codes beim ISW-Seriellbus |
| $Y_K$ | – | Datenkanalausnutzung |
| $z$ | – | Adernzahl |
| $z_1$ | – | Kleinste verfügbare Adernzahl (Adernpaare) |
| $z_{max}$ | – | Maximale Zeichenzahl pro 24-Stunden u. pro Maschine |
| $v$ | – | Laufvariable |
| $\bar{x}$ | – | Negiertes Signal von x |
| $\&$ | – | UND-Verknüpfung |

## 1 Einleitung

Der immer noch bestehende Mangel an qualifizierten Fach-
kräften, die steigenden Lohnkosten sowie der Wunsch nach Er-
haltung und Steigerung der Lebensqualität fordern in der
Fertigungstechnik den Einsatz neuer, verbesserter  Verfahren
und die konsequente Automatisierung und Ausnutzung der zugehörigen Einrichtungen.
Die zunehmende Integration von Werkzeug- und Werkstückwechsel
sowie von Handhabungseinrichtungen in die Fertigungsanlagen
sind beispielsweise ein Schritt in diese Richtung. Dafür sind
steuerungsseitig eine immer größere Anzahl an maschinenspezifischen Steuer-, Bedienungs- und Optimiereinrichtungen notwendig. Spezielle numerische Steuerprinzipien müssen das Positionieren einer Vielzahl von Maschineneinheiten mit hoher Genauigkeit ermöglichen. Nach ergonomischen Gesichtspunkten auf
die Maschine zugeschnittene Bedien- und Programmierverfahren
vor Ort sollen die Arbeit des Bedieners erleichtern. Betriebsdatenerfassung, Überwachung von Steuerung und Maschine mit
Diagnose im Fehlerfall  sollen technische und organisatorische
Störzeiten reduzieren und zu hoher Ausnutzung und Verfügbarkeit der Anlagen führen.

Die Entwicklung dieser maschinenspezifischen Funktionseinheiten setzt die genaue Kenntnis der Maschine voraus. Deswegen hat der Maschinenhersteller verstärkt den Wunsch, diese
Funktionseinheiten selbst in die Steuerung zu integrieren,
um so ein auf die Maschine zugeschnittenes Steuersystem zu
erhalten.

Bei bisherigen Steuersystemen ist die Integration dieser
Zusatz- und Sonderfunktionen mit hohen Kosten verbunden und
in der Regel nur vom Steuerungshersteller durchzuführen.
Eine Lösung dieses Problems ist ein modulares Bausteinsystem
mit definierten Schnittstellen /1,2/.

Die in der letzten Zeit entwickelten Halbleiterbauelemente,
die durch zunehmende Leistungsfähigkeit und Miniaturisierung
gekennzeichnet sind, geben die wirtschaftliche Voraussetzung
für ein modulares Steuersystem. Dies kann den gesamten Steue-
rungsbereich von der konventionellen Steuerung bis hin zur
numerischen Steuerung mit Zusatzfunktionen bzw. bis zu übergeordneten Steuerdatenverteilsystemen (DNC-Systeme) umfassen.

Voraussetzung für die Verwirklichung eines derartigen Kon-
zeptes sind die Definition und Abgrenzung von Funktionen des
Systems  und von Hard- und Software-Schnittstellen zwischen
den Funktionseinheiten, die über Datenübertragungssysteme miteinander Daten austauschen /3/.

Im Rahmen dieser Arbeit sollen die Forderungen an ein modulares, umfassendes Steuersystem für die Fertigungstechnik
hinsichtlich Struktur, Schnittstellen, Modularität und Ein-
satzfähigkeit aufgezeigt und analysiert werden.

Zwei für ein modulares Steuersystem wesentliche Datenüber-
tragungssysteme und Funktionseinheiten zur Betriebsdatener-
fassung, die eine Überwachung und Diagnose von Steuerung und
Maschine erlauben, sollen entwickelt werden. Ein internes
Übertragungssystem soll prozeßnahe Funktionseinheiten koppeln.
Ein externes Übertragungssystem soll die Datenübertragung
zwischen einem übergeordneten Prozeßrechner von und zu diesen
prozeßnahen Funktionseinheiten erlauben. Zusammen mit den
Funktionseinheiten zur Betriebsdatenerfassung sollen diese
Schnittstellen erprobt werden.

## 2   Steuersysteme für Fertigungseinrichtungen

## 2.1 Funktionale Gliederung von Steuersystemen

Bild 2/1 zeigt die in funktionale, einander überlagerten
Ebenen gliederbare Steuersysteme in der Fertigungstechnik.
Von oben nach unten erfolgt eine Auffächerung des Steuerda-
tenflusses. In der Rückwärtsrichtung wird der Informationsrückfluß von Ebene zu Ebene verdichtet.

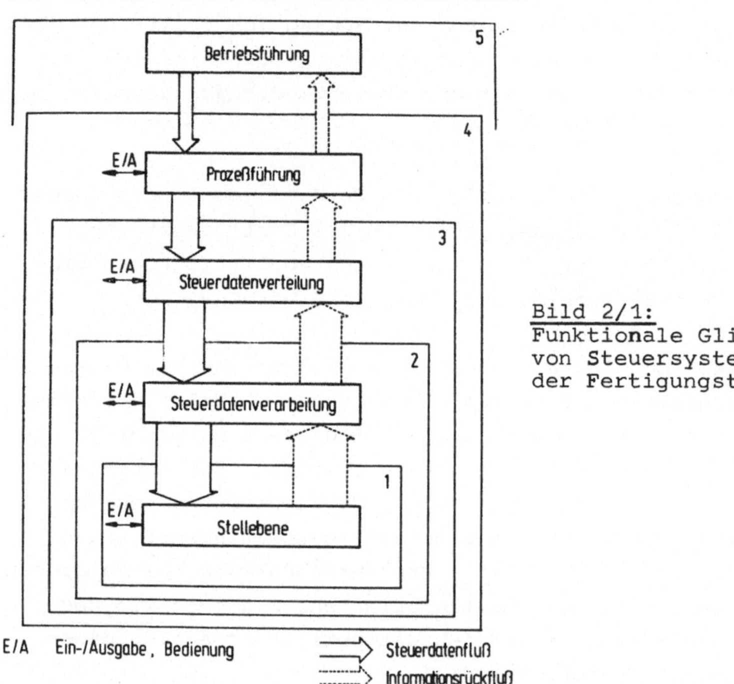


Bild 2/1:
Funktionale Gliederung
von Steuersystemen in
der Fertigungstechnik

Einem Betriebsführungssystem werden Informationen vom Fertigungsprozeß, wie zeitliche Auslastungen, Produktivität und
ähnliches übermittelt, die als Grundlage für die Unterneh-
mensführung dienen. Das Prozeßführungssystem regelt Prozeß-
störungen aus, z.B. stößt der Ausfall von Fertigungseinrichtungen eine Umdisposition an. In der nächsten Ebene erfolgt
die Verteilung technischer und organisatorischer Steuerinformationen  an die nachfolgende Steuerdatenverarbeitung. In der

Stellebene wirken die Stellglieder aufgrund der Stellbefehle
auf den Arbeitsprozeß ein.

Während der Steuerdatenfluß Grundlage für das Ansteuern der
Stellglieder am Arbeitsprozeß ist, liefert der Informations-
rückfluß Istwerte, die in allen Ebenen des Steuersystems über
Soll-Istvergleiche den Steuerdatenfluß und damit auch den Ar-
beitsprozeß regeln und optimieren. Systeme, die entweder den
Steuerdatenfluß und/oder den Informationsrückfluß - auch nur
in einzelnen Ebenen - verwirklichen, werden im weiteren mit
Steuersystem bezeichnet.
In Bild 2/2 sind Funktionen und Steuersysteme der Ebene 1 und
2 nach Bild 2/1 gegliedert.
Über die Ein/Ausgabeebene erfolgt die Steuerdateneingabe, die
Zustandsausgabe des Steuersystems  sowie die Bedienung von
Steuerung und Maschine. Bedienfunktionen ermöglichen die Er-
stellung und Optimierung der Steuerprogramme.
Wesentliche Funktionen der Verarbeitungsebene sind die geometrische und technologische Informationsverarbeitung. Die geometrische Informationsverarbeitung führt Koordinatentransfor-
mationen und Korrekturrechnungen sowie die Führungsgrößener-
zeugung für die Steuerung der Antriebe durch. Die technologische Informationsverarbeitung verknüpft die Schaltinformationen mit den Rückmeldungen der Geber und mit den Befehlen der
Handeingabe zu Stellsignalen und Maschinenfunktionen.
Eine Reihe weiterer Funktionen, die zum Durchführen der ei-
gentlichen Steueraufgabe nicht unbedingt erforderlich sind,
dienen zur optimalen Lösung der Steueraufgabe. Adaptive Control (AC) regelt den Spanungsprozeß. Grenzregelungen (ACC)
überwachen selbsttätig den Bearbeitungsvorgang und führen
ihn so, daß er an einer Auslastungsgrenze abläuft. Dadurch
können die Fähigkeiten der Maschine voll ausgenutzt werden.
Optimierregelungen (ACO) führen den Bearbeitungsvorgang so,
daß eine übergeordnete Kenngröße, die Gesichtspunkte der
Wirtschaftlichkeit und der Bearbeitungsqualität der gefertig-
ten Werkstücke vereinigt, einem Maximalwert zustrebt /4,5/.

Betriebsdatenerfassung (BDE) bildet die Grundlage für die Er-
höhung der organisatorischen und technischen Nutzung des Fer-
tigungsprozesses. Im Fertigungsprozeß und in allen Ebenen des
Steuersystems werden Istwerte erfaßt und automatisch oder
manuell mit den vorgegebenen Sollwerten verglichen, mit dem
Ziel, Schwachstellen der Fertigung zu erkennen und gegebenenfalls den Steuerdatenfluß zu beeinflussen /6/.

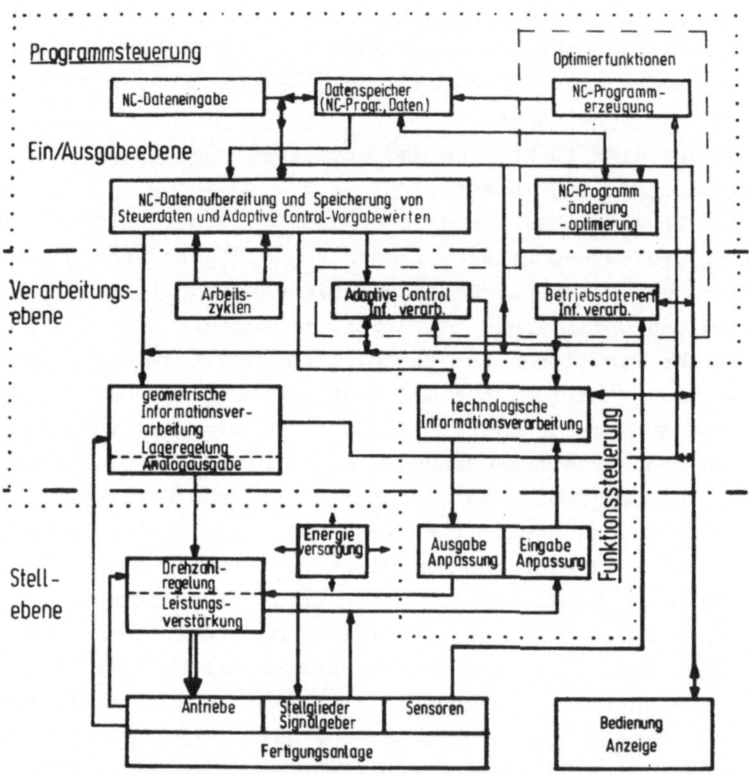


<u>Bild 2/2:</u> Gliederung der Funktionen und Steuersysteme der
Steuerdatenverarbeitungs- und Stellebene

Die Steuersysteme der Steuerdatenverarbeitungs- und Stellebene lassen sich in aufsteigender Hierarchie in Funktions-
und Programmsteuerungen einteilen. Die Funktionssteuerung
führt die technologische Informationsverarbeitung durch. Sie
paßt die Eingabesignale der Geber an die interne logische

Informationsverarbeitung an und verstärkt die Ausgabesignale
zum Ansteuern der Stellglieder. Die Programmsteuerung entnimmt einem Arbeitsprogramm jeweils einen definierten Pro-
grammpunkt und erzeugt aus dessen Information eine Folge verschiedener Maschinenzustände, die jeweils aus mehreren parallelen Einzelfunktionen bestehen.

## 2.2 Strukturen und Ausführungsformen von Steuersystemen

Die den Ebenen in Bild 2/1 und Bild 2/2 zugeordneten Funktionen sind zentral oder dezentral in einer oder mehreren Gerä-
teebenen realisierbar. Die Steuersystemstrukturen unterscheiden sich in den Kombinationen von Informationsverarbeitung
und Organisationsform (Bild 2/3).

| Informations-verarbeitung | | Organisationsform | | Leistungs-fähigkeit | Erweiter-barkeit | Steuer-system |
|---|---|---|---|---|---|---|
| zentral | dezentral | zentral | dezentral | | | |
| X | | X | | hoch | schlecht | Verkettung von Funktionen in einem Prozessor |
| | X | X | | hoch | gut | 1 Prozessor mit ausgelagerten Funktionseinheiten |
| | X | X | X | sehr hoch | sehr gut | Mehr-prozessor-system |

Bild 2/3: Merkmale und Eigenschaften von Steuersystemstrukturen

Unter Organisationsform wird hier die Koordination der Funktionen und der Datenaustausch zwischen diesen verstanden. Bei
der zentralen Informationsverarbeitung sind alle Verarbeitungsfunktionen in einer Ebene, z.B. einem Prozessor, realisiert.

Steuersysteme mit dezentraler Informationsverarbeitung und
zentralisierter Organisationsform sind durch die Verfügbarkeit von preisgünstigen Rechnerbausteinen immer häufiger anzutreffen. Ein Prozessor, der die wesentlichen Verarbeitungs-

funktionen durchführt, versorgt einzelne ausgelagerte Funktionseinheiten mit Daten und koordiniert den Datentransfer.
Mehrprozessorsteuersysteme ermöglichen bei dezentraler Informationsverarbeitung und dezentraler Steuerung des Datenaustausches größtmögliche Flexibilität und Leistungsfähigkeit,
da einzelne Funktionen weitgehend unabhängig voneinander
sind.
Struktur und Ausführungsform eines Steuersystems sind wesentlich durch die zu lösende Fertigungsaufgabe und durch die Realisierungsmöglichkeiten bestimmt. Im folgenden werden Steuersysteme bezüglich im Bild 2/3 genannter Strukturen und bezüglich Ausführungsformen gegliedert und analysiert. Der Stand
der Technik wird anhand von Beispielen erläutert.

## 2.2.1 Steuersysteme konventioneller Maschinen

Das Steuersystem einer konventionellen Maschine bzw. einer
Transferstraße führt im wesentlichen Aufgaben der Funktionssteuerung durch (vgl. Bild 2/2). Diese sind stark maschinenspezifisch. Ihre Entwicklung setzt deshalb eine genaue Kenntnis der zu steuernden Anlage voraus und wird in der Regel vom
Maschinenhersteller bzw. in Zusammenarbeit mit dem Steuerungshersteller individuell für jeden Maschinentyp durchgeführt.

Aufgrund der geforderten leichteren Anpaßbarkeit lösen zunehmend programmierbare Steuerungen (PC) die bisher üblichen
festverdrahteten Systeme ab. Die programmierbaren Steuerungen
verwenden als informationsverarbeitenden Teil einen zentralen
Prozessor, der über eine interne Schnittstelle mit prozeßspezifischen Ein/Ausgabekomponenten gekoppelt ist. Die auf dem
Markt angebotenen PC's sind durch uneinheitlichen Aufbau und
Befehlsvorrat gekennzeichnet. Aufgrund der speziellen Schnittstellen sind die kostenintensiven Ein/Ausgabekomponenten unterschiedlicher Hersteller nicht miteinander kombinierbar.
Dies führt beim Maschinenhersteller, der oft entsprechend der
Komplexität und dem Ausbaugrad der Maschinentypen PC's ver-

schiedener Fabrikate einsetzen muß, zu einer Vielfalt an Ein/
Ausgabekomponenten und Programmierungsarten, was die Handhabung und die Wartung der Geräte erschwert.


## 2.2.2 Numerische Steuersysteme

Zur automatischen Herstellung geometrisch komplexer Teile
von der Klein- bis zur Mittelserie  wird vorwiegend das numerische Steuerungsprinzip eingesetzt, bei dem alle für die Bearbeitung erforderlichen Angaben über Zahlen eingegeben werden. Die numerische Steuerung ist die wichtigste Programmsteuerung in der Steuerdatenverarbeitungsebene (vgl. Bild 2/2).
Sie verarbeitet Geometrieinformationen zu Sollwerten für die
Antriebsverstärker und übermittelt Schaltinformationen an die
Funktionssteuerung.
Ihre Entwicklung erhält durch die Rechner- und Bauelementeent-
wicklung laufend neue Impulse. Bild 2/4 zeigt eine nach der
Reailisierungsart gegliederte Einteilung.

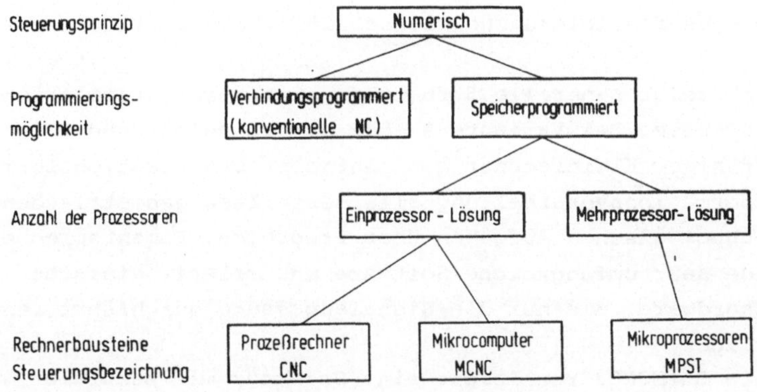


**Bild 2/4:** Einteilung numerischer Steuerungen

Im Gegensatz zur technologischen Informationsverarbeitung in
der Funktionssteuerung, ist die geometrische Informationsverarbeitung für je eine Maschinenart (Bohrmaschine, Fräsmaschine, Drehmaschine u.a.) gleichartig. Geforderte höhere Stück-
zahlen und eine rationelle Fertigung führte zur Realisierung
der begrenzt standardisierbaren Geometriefunktionen in der
konventionellen numerischen Steuerung und zur getrennten

Realisierung der zu modifizierenden Funktions- und Anpaßsteuerung. Die Anpaßsteuerung dient dabei als reiner Schnitt-
stellenumsetzer zwischen der numerischen Steuerung und der
Funktionssteuerung. Auf diese Weise konnte wenigstens für jede Maschinenart eine entsprechend der Achsanzahl erweiterba-
re Steuerung gefertigt werden.

Für komplexe bzw. spezielle Fertigungsaufgaben, die Sondermaschinen erfordern, ist dieses Lösungsprinzip unwirtschaft-
lich, da jede Anpassung dieser verbindungsprogrammierten Steuerung aufgrund fehlender allgemeingültiger Schnittstellen mit
hohen Kosten verbunden ist.

Der Einsatz speicherprogrammierter Steuerungen, bei denen Teile der universellen Rechnerhardware standardisiert fertigbar
sind, bietet hier aufgrund einfacher anzupassender Programme
Vorteile. Die günstige Preissituation der Halbleiterbauelemente verdrängt in allen Bereichen die verbindungsprogrammierten
Lösungen und erschließt das numerische Steuerungsprinzip zunehmend auch für bisher konventionell gesteuerte Maschinen.
Damit wird durch kürzere Umrüst- und schnellere Positionier-
zeiten eine flexiblere und wirtschaftlichere Fertigung erreicht.

Bild 2/5 zeigt generelle Strukturen speicherprogrammierter
Steuersysteme. Bei Variante A löst ein schneller und leistungsfähiger Kleinrechner mit zentraler Organisationsform
und Informationsverarbeitung alle gestellten geometrischen
und technologischen Aufgaben über Programme. Dementsprechend
ist eine sehr umfangreiche Software und relativ einfache
Zusatzhardware, die nur die Signalanpassung durchführt, erforderlich.

Variante B (MCNC) realisiert eine Struktur mit zentraler
Organisationsform und dezentraler Informationsverarbeitung.
Sie verwendet als Kern einen Mikrocomputer, bestehend aus
Mikroprozessor und Speicher (EPROM, RAM). Da der Mikrocomputer nicht die Leistungsfähigkeit eines herkömmlichen Rechners hat, müssen einzelne NC-Funktionen (NCF) ausgelagert
werden. Diese ausgelagerten Funktionen sind in der Regel mit
integrierten Schaltkreisen mittlerer Integrationsdichte rea-

lisiert. Steuerungen dieser Art sind zur Zeit in großer Zahl
anzutreffen /1,7/.

Flexibilität und Änderungen sind bei den bisher genannten
Lösungen zwar im begrenzten Umfang möglich, jedoch in der
Regel nur vom Steuerungshersteller durchführbar. Die zentrale Organisationsform bzw. Informationsverarbeitung fordert
bei Erweiterungen oder Änderungen die Kenntnis des Gesamtsystems. Dies erschwert dem Werkzeugmaschinenhersteller notwendige Eingriffe,z.B. die Integration der Funktions- und Anpaßsteuerung oder das Einbeziehen von Sonderfunktionen, die besonders bei Sondermaschinen mit speziellen Meßeinrichtungen

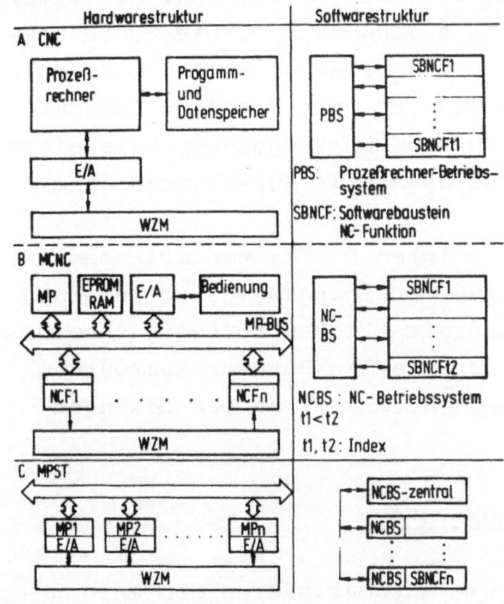

Bild 2/5:
Prinzipielle Struktu-
ren speicherprogram-
mierter numerischer
Steuerungen

und einer hohen Zahl von numerischen Achsen auftreten.
Variante C zeigt ein Mehrprozessorsteuersystem, das einzelne
NC-Funktionen auf Mikroprozessoren verteilt. Bei dezentraler
Organisationsform und Informationsverarbeitung läßt sich eine
hohe Leistungsfähigkeit und Flexibilität erreichen. Verein-
zelt sind bei ausländischen Herstellern derartige Konzepte
verwirklicht. Durch die herstellerspezifischen Lösungen der
Datenübertragungssysteme, Softwareschnittstellen und Funktionseinheiten, sind jedoch auch hier bei Änderungen und Erweiterungen nur Eingriffe durch den Steuerungshersteller mög-

lich. Die verwendeten,von Steuerung zu Steuerung speziellen,
rechnerinternen Nahtstellen verursachen zusätzlich immer mehr
eine Abhängigkeit vom Hersteller, da die Verwendung eines
neuen Rechners stets mit einer Neuentwicklung des gesamten
Steuersystems verbunden ist.

## 2.2.3 Datenverteilsysteme

Datenverteilsysteme realisieren die Funktionen der Ebene 3
in Bild 2/1. Bei ausgeführten Systemen versorgt in der Regel
ein Datenverteilrechner satzweise einzelne untergeordnete
Steuerungen mit Steuerdaten, die als NC, CNC bzw. als Rumpf-
oder Reststeuerungen ausgeführt sind /8,9/. Die Systemele-
mente sind stets auf die Bedürfnisse entsprechend konzipiert
und aufeinander abgestimmt. So wird eine Vielfalt verschiedener Rechnertypen, Steuerungen und Übertragungssysteme eingesetzt, die jeweils zueinander spezielle Anpassungen erfordern.
Obwohl Rechnerprogramme die meisten Funktionen erzeugen, sind
Änderungen z.B. bei geänderten Fertigungsaufgaben aufgrund
der komplexen und damit unübersichtlichen Software schwierig
durchzuführen. Aufgrund der speziellen Hardwareausrüstung
ist selbst das Softwarekonzept nicht auf andere Lösungen
übertragbar.

## 2.2.4 Betriebsdatenerfassungssysteme

Betriebsdatenerfassungssysteme automatisieren den Informationsrückfluß (vgl. Bild 2/1). Teilweise sind in der Fertigung isolierte Betriebsdatenerfassungssysteme installiert,
die manuell eingegebene Fertigungsdaten,bzw. aus den Steuersystemen der Steuerdatenverarbeitungsebene und dem Fertigungsprozeß automatisch erfaßte Daten,den Ebenen Prozeßführung und
Betriebsführung (vgl. Bild 2/1) zur Weiterverarbeitung bereitstellen.
Bild 2/6 zeigt die grundsätzlich hierarchischen Strukturen
derartiger Systeme.

Die Systeme einfacherer Art (Bild 2/6, A) schreiben die erfaßten Werte entweder direkt an der Maschine auf lesbare Diagramme bzw. übertragen die Daten zur Diagrammerstellung über Einzelleitungen zu einer Zentrale. Ein Nachteil ist das Erstellen von DVA-gerechten Datenträgern, das einen zusätzlichen Arbeitsgang, z.B. Ablochen auf Lochkarten,erfordert.

Diesen Nachteil vermeiden die komplexeren Systeme (Bild 2/6, B), die generell eine on line Verbindung zu einer Zentrale besitzen. Die Zentrale enthält häufig einen Rechner, der über

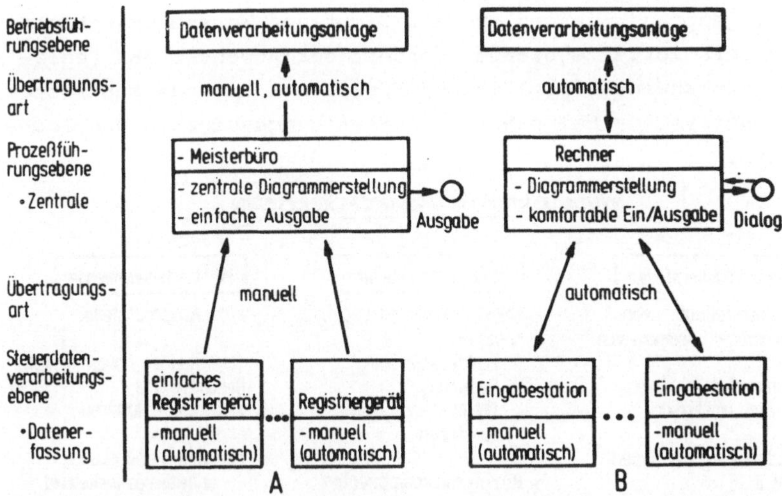


Bild 2/6: Systemstrukturen von Betriebsdatenerfassungs-
systemen

Drucker o.ä. DVA-gerechte Belege automatisch erstellt und der die Daten häufig über einen herstellerabhängigen Anschluß zu einer übergeordneten DVA übermittelt.
Alle Systeme verwenden spezielle Nahtstellen und sind generell vollkommen isoliert und ohne Schnittstellen zum Steuersystem realisiert. Aufgrund der fehlenden Schnittstellen, insbesondere zum prozeßnahen Steuersystem, sind nur über die Ebene Prozeßführung (vgl. Bild 2/1) Eingriffe aufgrund von Störungen möglich.

## 3 Struktur und Anforderungen eines umfassenden Steuersystems

Die im Kapitel 2 dargestellten Steuersysteme der Fertigungstechnik zeigen eine Lösungsvielfalt hinsichtlich der Ausführungsform auf. Fehlende, allgemein gültige Hardware- und
Softwareschnittstellen (vgl. Kap. 2.2.1...2.2.4) erschweren
die Handhabung der Systeme und die Integration neuer Funktionen durch den Werkzeugmaschinenhersteller. Die allgemeinen
Anforderungen der Hersteller und Anwender (Tab.3/1) sind damit wirtschaftlich nur begrenzt zu erfüllen. Während rationelle Eigenprojektierung aus der Sicht des Werkzeugmaschinen-
herstellers Vorteile bietet, fordert der Anwender das Realisieren von anwenderspezifischen Funktionen und das Nachrüsten
der Steuersysteme bei geänderten Fertigungsaufgaben und Technologien.

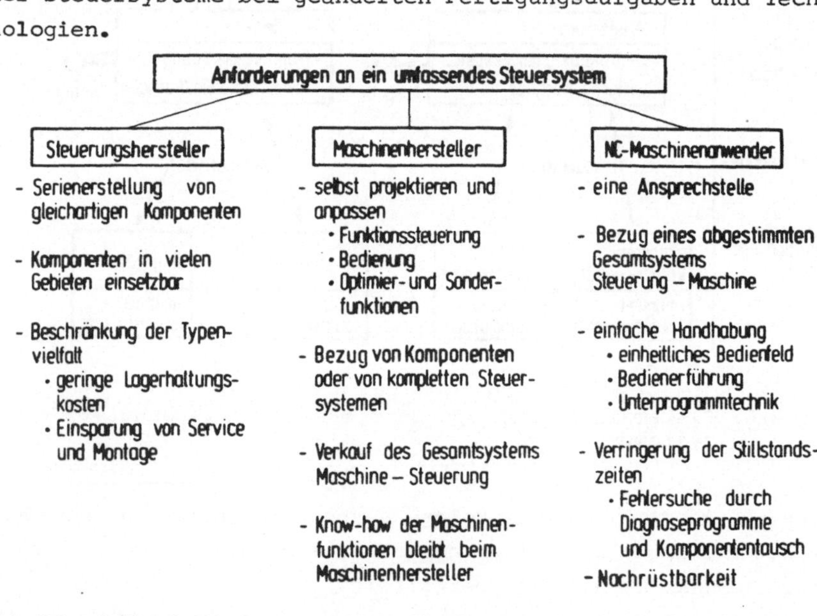


Tabelle 3/1: Anforderungen an ein umfassendes Steuersystem

Es ist eine rationelle Fertigung und Montage der Steuerungen
nur durch ein standardisiertes Steuersystem möglich, das
Steuerungen von Einzelmaschinen, BDE-Systeme und Datenverteilsysteme umfaßt.

Der Wunsch nach Eigenprojektierung fordert eine Zuordnung der Steuerungsfunktionen zu weitgehend gleichartigen Einheiten, die über Programme ohne Kenntnis des Gesamtsystems an die Aufgabe anzupassen sind /10/.

## 3.1 Struktur eines umfassenden Steuersystems

Bild 3/1 zeigt die allgemeine Struktur eines modularen Steuersystems, das diese Anforderungen berücksichtigt.

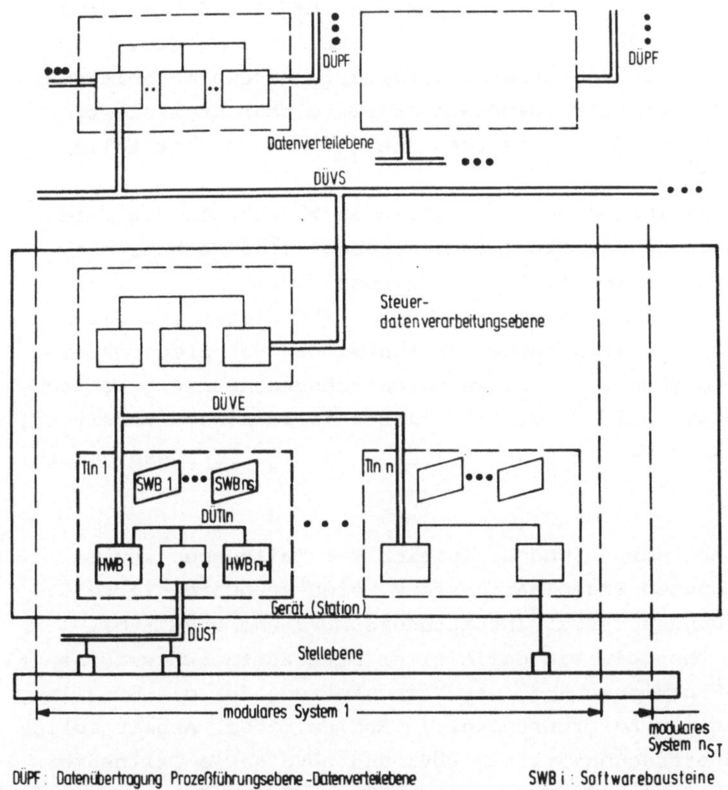


DÜPF : Datenübertragung Prozeßführungsebene -Datenverteilebene  
DÜVS : Datenübertragung Datenverteilebene - Steuerdatenverarbeitungsebene  
DÜVE : Datenübertragung innerhalb der Steuerdatenverarbeitungsebene  
DÜST : Datenübertragung Steuerdatenverarbeitungsebene – Stellebene  
DÜTlni : Datenübertragung innerhalb eines Teilnehmers  

SWB i : Softwarebausteine  
HWB i : Hardwarebausteine  
Tln i : Teilnehmer  

<u>Bild 3/1:</u> Allgemeine Struktur eines modularen Steuersystems für die Fertigungstechnik

Der funktionalen Gliederung der Steuersysteme in Bild 2/1
entspricht eine gerätemäßige Verwirklichung.
Die Ebenen sind durch Geräte verkörpert, die in sich selbst
wieder in über Datenübertragungssysteme gekoppelte Funktionseinheiten und Teilnehmer gliederbar sind, die aus Hard- und
Softwarebausteinen bestehen und die in Kapitel 2.1 beschriebenen Funktionen durchführen. Unter Funktionseinheit wird im
folgenden die physikalische Realisierung einer Funktion verstanden. Die Funktion ist dabei die Operation oder Aufgabe,
die es zu erfüllen gilt (z.B. Steuern, Regeln, Optimieren).
Ein Teilnehmer, der eine oder mehrere Funktionseinheiten be-
inhalten kann, ist durch eine definierte Hardwareschnittstel-
le, über die der Datenaustausch erfolgt, charakterisiert.
Teilnehmer einer Ebene besitzen die gleiche Schnittstelle.

Für die Realisierung der umfangreichen Funktionen der Datenverteilebene und der Prozeßführungsebene sind Rechner mit
komfortablen Betriebssystemen geeignet /11/.
Mehrprozessorsteuersysteme nach Bild 2/5C bieten für die
gerätemäßige Verwirklichung der Funktionen der Steuerdatenverarbeitungsebene, die im weiteren schwerpunktmäßig betrach-
tet wird (vgl. Bild 2/2), bezüglich Informationsverarbeitung,
Organisationsform und Flexibilität, günstige Voraussetzungen.

Neben der Abgrenzung und Definition der Teilnehmer sowie
einer geeigneten Organisationsform, sind standardisierte Datenübertragungssysteme, insbesondere DÜVS und DÜVE (vgl.
Bild 3/1), über die ein definierter Datenaustausch zwischen einzelnen NC-Funktionen erfolgt, Voraussetzung für die Erfüllung
der allgemeinen Anforderungen. Im Rahmen dieser Arbeit sollen
die Datenübertragungssysteme DÜVE und DÜVS sowie Teilnehmer
zur Betriebsdatenerfassung innerhalb der Steuerdatenverarbeitungsebene entwickelt werden.

## 3.2 Anforderungen der Fertigungsverfahren und der Funktionen

Die spezifischen Anforderungen der Fertigungsverfahren, der
Funktionen der Steuerdatenverarbeitungsebene sowie des Datenaustausches der Funktionen untereinander bilden die Grund-
lagen für die Realisierung der Teilnehmer und Datenübertragungssysteme. Diese Anforderungen werden in den folgenden
Kapiteln ermittelt.

### 3.2.1 Anforderungen der Fertigungsverfahren

Durch einfache Kombination von Teilnehmern, die Funktionen der
Steuerdatenverarbeitungs- und Stellebene realisieren, sollen
verschiedene Fertigungsverfahren lösbar sein (vgl. Bild 2/2).
Die Kombination Bedienung und technologische Informationsverarbeitung von Einzelsignalen muß die Steuerung einer konventionellen Werkzeugmaschine ermöglichen. Durch die Funktion
Wortverarbeitung technologischer Informationen sollte sie auf
eine Lager- und Transportsteuerung, die neben der Einzelsig-
nalverarbeitung erhebliche organisatorische und arithmetische
Informationsverarbeitung aufweist /12/, erweiterbar sein.
Das Einbeziehen der geometrischen Informationsverarbeitung
führt zu Positionier-, Strecken- und Bahnsteuerungen, die
für unterschiedliche Bearbeitungsverfahren, z.B. Schleifen,
Bohren, Drehen und Fräsen gleichermaßen verwendet werden sollen. Neben der Programmspeicherung und Bedienung kommt den
Optimierfunktionen AC und BDE insbesondere bei komplexen Bear-
beitungsaufgaben große Bedeutung zu.
Eine Schnittstelle zu einem übergeordneten Datenverteilsystem
soll die automatische Verteilung von Steuerdaten genauso wie
das Erfassen und Rückmelden von Betriebsdaten ermöglichen.

Die zu automatisierenden Fertigungseinrichtungen weisen bis zu
fünf simultan numerisch zu steuernde Achsen auf. Aufgrund der
zunehmenden Integration von Handhabungseinrichtungen in die

Fertigungsanlagen ist zusätzlich ein Handhabungssystem mit
bis zu sieben numerischen Achsen zu berücksichtigen. Das
Steuern derartiger Anlagen mit einem integrierten Steuersystem vermeidet hierfür den Aufwand für mehrere komplette
Steuersysteme und deren aufwendige Synchronisierung. Bezüglich der Anforderungen an die Funktionen und an den Datenaustausch stellt diese Anlage in absehbarer Zukunft die maximal denkbare Maschinenkonfiguration dar und wird deswegen
bei den in Kap. 3.3.2 und Kap. 3.3 durchgeführten Analysen
zugrunde gelegt.

### 3.2.2 Anforderungen der Funktionen der Steuerdatenverar- beitungs- und Stellebene

Die benötigten Datenformate, Datenraten- und Verarbeitungszeiten stellen Anforderungen an die Bauelemente zur Verwirklichung der Funktionen und dienen zur Ermittlung des Datenaustausches innerhalb der Steuerdatenverarbeitungs- und Stellebene. In Tabelle 3/2 sind beispielhaft diese Werte für zwei der
wesentlichen Grundsteuerfunktionen, die technologische und
geometrische Informationsverarbeitung sowie für die Funktion
BDE, zusammengestellt.

Die technologische Informationsverarbeitung führt vorwiegend
Einzelbitverarbeitung durch. Einzelsignale von Grenztastern,
Nocken, Schalterstellungen müssen eingelesen und logisch
verknüpft werden. Bei geänderten Eingabesignalen sind die
Verknüpfungsergebnisse als Einzelsignale, die Schütze, Mag-
netventile, Kupplungen u.ä. steuern, auszugeben. Um z.B. das
Signal eines Grenztasters mit einem wirksamen Durchmesser
von 2 mm, der mit einer Eilganggeschwindigkeit von 12 m/min
überfahren wird zu erfassen, muß die maximal zulässige Zyk-
luszeit 10 ms betragen.

Die geometrische Informationsverarbeitung erhält alle 200 ms
bis einige Sekunden neue Koordinatenwerte aus dem NC-Satz.
Sie ist durch Arithmetikoperationen gekennzeichnet, z.B.

| Technologische Inf. verarbeitung | EINGABEDATEN | VERARBEITUNGSDATEN | | AUSGABEDATEN | ZYKLUSZEIT | REAKTIONSZEIT |
|---|---|---|---|---|---|---|
| | | LOGIK | ARITHMETIK | | | |
| Datenformat | Bit, Byte, BCD<br>Datenblock | Bit<br>Byte | | Bit | | |
| Datenraten<br>  Vor/Nach NCP<br>  Während NCP | ... 256 bit/10ms<br>... 20 byte/200ms<br>... 256 bit/10ms | | | ... 256 bit/10ms<br><br>... 256 bit/10ms | ~ 10ms<br><br>~ 10ms | $\leq$ 1C ms<br><br>$\leq$ 10 ms |
| Geometrische Inf. verarbeitung | | | | | | |
| Datenformat | Bit<br>Byte<br>Datenblock | | 2Byte<br>4Byte<br>6Byte | 2 Byte | | |
| Datenraten<br>  Vor/Nach NCP<br><br>  Während NCP | ...12x200 kbit/s<br>...24 byte/5 ms<br>...80 byte/2C0 ms<br>...12x2C0 kbit/s<br>...24 byte/5 ms | | | <br><br><br><br>...24 byte/5 ms | ...5 µs<br>5...1C ms<br>...2C0 ms<br>...5 µs<br>5...1C ms | < 5 µs<br>$\leq$ 5CC µs<br>~ 1Cms<br>< 5 µs<br>< 5CC µs |
| Betriebsdaten-erfassung | | | | | | |
| Datenformat | Bit, Byte<br>2 Byte<br>Datenblock | Bit<br>Byte<br>2Byte | Byte<br>2Byte | Byte<br>Datenblock | | |
| Datenraten<br>Vor/Nach NCP<br>Während NCP | —<br>... 32 byte/s<br>... 100 bit/10 ms | | | ... 1CC byte/s | 1C ms...1 ms | ...1CC ms<br>$\leq$ 1C ms...1 ms |

NCP : NC-Programmlauf

<u>Tabelle 3/2:</u> Charakteristische Daten und Zeitverhältnisse für die Funktionen, technologische Informationsverarbeitung, geometrische Informationsverarbeitung und Betriebsdatenerfassung

müssen bei bestimmten Interpolationsverfahren 48-bit genaue Dualzahlen miteinander multipliziert werden. Die Wegänderungen, die von den Wegmeß-Systemen gemeldet werden, treten bei Achsgeschwindigkeiten von 12 m/min und 1 µm Wegauflösung mit einer Frequenz von 200 kbit/s auf. Ein genügend exakter Bahnverlauf fordert alle 5...10 ms /13/ das Lesen von 12-bit breiten Lage-Istwerten und das Ausgeben von 16-bit breiten Geschwindigkeitssollwerten an den Geschwindigkeitsregelkreis.

Die Funktion Betriebsdatenerfassung muß bis zu 100 Einzelsignale, z.B. Kollision und Ablauffolgen, ca. alle 10 ms erfassen. Geometrische Meßwerte der Werkzeuge und Maschinen sind z.B. beim Werkzeug- bzw. Werkstückwechsel zu registrieren. Bei 1mm

Abweichung und 1 µm Auflösung bedeutet dies 10-bit Datenformat. Fertigungszeiten und Werkzeugeinsatzzeiten fordern
bei 100 ms Genauigkeit und bei maximalen NC-Programmlängen
von 4 Stunden 16-bit Datenworte. Am Ende des NC-Programms
erfolgt blockweiser Datenaustausch von Dokumentationswerten
wie Fertigungszeiten, Werkzeugeinsatzzeiten und von geometrischen Istwerten zur übergeordneten Datenverteil- und Prozeßführungsebene. Bezüglich der Reaktionszeiten stellen die Zu-
standssignale die größten Anforderungen. So muß der Zustand
Kollision nach 1...2 ms den Lageregler nullsetzen bzw. die
Antriebe der Maschine abschalten, um Maschine und Werkstück
nicht zu beschädigen.

Einzelne der in Bild 2/2 aufgeführten Funktionen der Steuer-
datenverarbeitungs- und Stellebene müssen wegen der unterschiedlichen Fertigungsaufgaben, der geforderten Modularität
und Erweiterbarkeit sowie wegen Aufwandgründen durch mehrere
Teilnehmer realisiert werden. Eine Realisierung, die dies erfüllt, muß die Informationsverarbeitung und Organisationsform
zwischen den Funktionen der Steuerdatenverarbeitungsebene und
Stellebene berücksichtigen. Die wesentlichen Funktionen der
Steuerdatenverarbeitungsebene führen zentrale, informations-
verarbeitende Aufgaben durch und versorgen die untergeordneten
Funktionen der Stellebene (vgl. Bild 2/2) mit Parametern, Sollwerten und Stellbefehlen. So führt die geometrische Informationsverarbeitung z.B. für mehrere Achsen gemeinsam die Interpolation durch und erzeugt für gleichartige achsspezifische Regelfunktionen der Stellebene die Sollwerte. Die technologische Informationsverarbeitung verknüpft zentral die Zustände von prozeßspezifischen gleichartigen Eingaben zu Aus-
gabesignalen für prozeßspezifische Ausgabe. Genauso führen
die Funktionen BDE und AC mit den Meßwerten, die in der Stellebene erfaßt werden, übergeordnete Überwachungs- und Regelfunktionen durch, indem sie anderen gleichrangigen informationsverarbeitenden Funktionen Meßwerte, z.B. Abweichungen, übermitteln.

## 3.3 Anforderungen des Datenaustausches zwischen einzelnen Funktionen

Die Untersuchung des Datenaustausches zwischen den einzelnen Funktionen gibt Anforderungen an die Datenübertragungssysteme.

### 3.3.1 Datenaustausch innerhalb der Steuerdatenverarbeitungs- und Stellebene

Tab. 3/3 zeigt Merkmale des Datenaustausches zwischen den Funktionen der Steuerdatenverarbeitungs- und Stellebene, die sich aus den charakteristischen Daten und Zeitverhältnissen der einzelnen Funktionen zusammensetzen (vgl. Bild 2/2).

Aus Tabelle 3/3 folgt häufiger Datenaustausch von Steuerdaten, Soll- und Istwerten sowie von Parametern direkt zwischen den Funktionen mit Datenformaten von Einzelbits, Einzelworten und vorwiegend von Datenblöcken.
Der in kurzen Datenblöcken und zyklisch mit geringen Zeitabständen stattfindende Datenaustausch zwischen den informationsverarbeitenden Funktionen und der Stellebene ist besonders zeitkritisch (vgl. Tabelle 3/2 und 3/3). Er sollte hochprior abgewickelt werden, da Fehler wie Konturfehler bei der Bearbeitung oder Beschädigung von Werkzeug und Werkstück entstehen können. So muß z.B. im Bereich geometrische Informationsverarbeitung die Abtastzeit des Lageregelkreises genau eingehalten werden (vgl. Tab. 3/3, lfd. Nr. 10) und im Bereich technologische Informationsverarbeitung das Erfassen der Geberzustände in einer bestimmten Zeitspanne gewährleistet sein (vgl.Tab. 3/3, lfd. Nr. 11).
Im Gegensatz dazu findet das Austauschen von NC-Steuerdaten zwischen der Funktion NC-Datenaufbereitung und Datenspeicher bzw. geometrischer und technologischer Informationsverarbeitung (vgl. Tab. 3/3, lfd. Nr. 7 und 8) und von Bediendaten zwischen Bedienung (vgl. Tab. 3/3, lfd. Nr. 6) und den einzelnen Funktionen in relativ langen Zeitabständen und mit

| lfd. Nr | Datenaustausch zw. den Funktionen | Kennwerte des Datenaustausches | | | | | Datenart |
|---|---|---|---|---|---|---|---|
| | | Zeitpunkt | Format | Umfang | Zyklz. /Reaktz. | Distanz | |
| 1 | NC-Dateneingabe → Datenspeicher | Vor/Nach NCP | Datenblock . Byte(EIA, ISO) | ... $10^5$ bytes | ... min /... 100 s | Magazin ...ca 2 km (DNC) | NC-Programme Einstellwerte |
| 2 | Bedienung, Anzeige ↔ NC-Programm-erzeugung ↔ NC-Programmänderung/Optimierung | Vor/Nach NCP | Datenblock . Byte | ...ca 200 bytes | ...100 ms /...100 ms | Magazin | NC-Steuerdaten |
| 3 | NC-Programmerzeugung → Datenspeicher | Vor/Nach NCP | Datenblock . Byte(EIA, ISO) | ...ca 200 bytes | ...100 ms /...100 ms | Magazin | NC-Steuerdaten |
| 4 | NC-Programmänderung und Optimierung ↔ Datenspeicher | Vor/Nach NCP | Datenblock . Byte (EIA/ISO) | ...ca 200 bytes | ...100 ms /...100 ms | Magazin | NC-Steuerdaten |
| 5 | Datenspeicher → geom. Inf. ver. → techn. Inf. ver. → BDE-Inf. ver. → AC-Inf. ver. | Vor NCP | Datenblock . Byte . 2 Byte | ...einige 100 bytes | ... min /...100ms | Magazin | Maschinen-Einstell-werte -Betriebsarten -Kompensations-werte -Betriebswerte |
| 6 | Bedienung, Anzeige ← geom. Inf. ver. ← techn. Inf. ver. ← AC-Inf. ver. ← BDE-Inf. ver. | NCP | Datenblock . Byte | ...ca 50 bytes | ...100 ms /...100 ms | Magazin ... 50 m | Satznummer Lage-Istwerte Zustandsdaten aktuelle Betriebs-werte Meßwerte |
| 7 | NC Datenaufbereitung ↔ Datenspeicher | NCP | Datenblock . Byte | ...ca 200 bytes | ...200 ms /≤ 200 ms | Magazin | NC-Satz NC-Steuerdaten |
| 8 | NC-Datenaufbereitung ← Arbeitszyklen → geom. Inf. ver. → techn. Inf. ver. → AC-Inf. ver. | NCP | Datenblock . Byte | ...ca 100 bytes verteilt auf alle Funkt-ionen | ...200 ms /≤ 200 ms | Magazin | -Koordinaten -Wegbedingungen -Werkzeugangaben -Spindeldrehzahlen -Hilfsfunktionen -Sonderfunktionen |
| 9 | geom. Inf. ver. ← Meßsystem | NCP | Bit | ...20 bit | ...5 us /≤ 5 us | ...20 m | Weginkremente |
| 10 | geom. Inf. ver. ↔ Regelkreis | NCP | Datenblock . 2 Byte | ... 48 bytes | ...5 ms /≤ 0,5 ms | Magazin | Geschwindigkeits-sollwerte Lage-Istwerte |
| 11 | techn. Inf. ver. ← Signalgeber → Stellglieder | NCP | Datenblock Bit BCD | ...512 bit | ...10 ms /≤ 10 ms | Magazin ...100 m | Gebersignale Stellsignale |
| 12 | AC-Inf. ver. ← Sensoren | NCP | Datenblock . 2 Byte | ...ca 6 bytes | ...10 ms /...10 ms | Magazin ...20 m | AC-Meßwerte -Schnittmoment -Anschnitt -Verschleiß |
| 13 | AC-Inf. ver. → geom. Inf. ver. | NCP | Datenblock . 2Byte | ca 4 bytes | ...10 ms /...10 ms | Magazin | AC-Stellwerte -Schnittiefe -Vorschub |
| 14 | AC-Inf. ver. → techn. Inf. ver. | NCP | 2 Byte | 2 bytes | ...10 ms /...10 ms | Magazin | AC-Stellwerte -Drehzahl |
| 15 | BDE-Inf. ver. ↔ Sensoren ↔ Datenspeicher | NCP | Bit Datenblock Byte 2 Byte | ...100 bit ca 32 bytes | ...10 ms /...1 ms ...s /...100 ms | Magazin ...50 m | Zustandsdaten Prozeßistwerte Dokumentations-werte |

AC: Adaptive Control    NCP: NC-Programmlauf    BDE: Betriebsdatenerfassung

**Tabelle 3/3:** Datenaustausch zwischen den Funktionen der Steuerdatenverarbeitungs- und Stellebene

geringer Dringlichkeit statt. Diese Datenfelder können niederprior im Hintergrund transferiert werden. Diese unterschiedliche zeitbedingte Wichtigkeit der Informationen fordert
die Möglichkeit der prioritätsbehafteten Datenübertragung.
Der Transfer größerer Datenblöcke sollte niederprior im
Hintergrund mit Unterbrechung abwickelbar sein.
Während die informationsverarbeitenden Funktionen der Steuerdatenverarbeitungsebene räumlich nah innerhalb eines Magazins
oder Schrankes verteilt sind, müssen zum Bedienfeld und zu
den Gebern, Meß- und Stellgliedern der Stellebene größere Ab-
stände (...100 m) überbrückt werden. Da alle Elemente der
Stellebene aufgrund der unterschiedlichen Leistungsverhält-
nisse gegenüber den informationsverarbeitenden Funktionen
nur über Anpassungsglieder informatorisch an das Übertragungssystem DÜVE zu koppeln sind, läßt sich auch der Datentransfer
zwischen Steuerdatenverarbeitungsebene und Stellebene kompri-
miert über diese Koppelglieder auf kurze Distanzen innerhalb
eines Magazins oder Schrankes reduzieren.

### 3.3.2 Datenaustausch zwischen Datenverteilebene und Steuer-datenverarbeitungsebene

Das Datenübertragungssystem DÜVS (vgl. Bild 3/1) muß NC-
Steuerdaten von einem Datenverteilsystem an die Steuerdatenverarbeitungsebene und Betriebsdaten aus der Steuerdatenverarbeitungsebene an die übergeordneten Datenverteilebene
und Prozeßführungsebene über größere Entfernungen (...2km)
übertragen. Der Informationsfluß ist streng hierarchisch.
Datenaustausch zwischen einzelnen Steuersystemen der Steuerdatenverarbeitungsebene ist nicht gegeben.

Das satzweise Verteilen der Steuerinformationen bedingt abhängig von zeitkritischen Satzfolgen des NC-Programms das
Einhalten von Mindestzeiten zwischen 2 Sätzen / 9 /. Sonst
kann z.B. die Werkstückoberfläche durch Freischneiden beein-
trächtigt werden. Durch die Verfügbarkeit äußerst kostengün-

stiger Halbleiterspeicher enthalten nahezu alle neuen Steuersysteme insbesondere ein Mehrprozessorsteuersystem, einen NC-Programmspeicher /14/. Damit ist die Voraussetzung
für eine programm- bzw. blockweise Verteilung der Steuerdaten gegeben, die zu einem unkritischen Zeitverhalten führt,
da keine Systemfehler wie Freischneiden aufgrund zu langer
Reaktionszeiten entstehen können.

Ein geeignetes Übertragungssystem muß also weniger für schnelle Reaktion bei Datenanforderung, als für das effiziente Übertragen von Datenblöcken und für eine wirtschaftliche Gesamt-
lösung optimiert sein. Um Umcodierungen zu vermeiden, ist
beim Rückübertragen von Betriebsdaten eine codetransparente
Übertragung wünschenswert. In Werkzeugmaschinenhallen ist aufgrund des Schaltens hoher Ströme der Antriebe mit hohem Störklima, z.B. Büschelstörungen, zu rechnen. Ein geeignetes Siche-
rungsverfahren, das diese Umstände berücksichtigt, stellt deswegen eine wesentliche Anforderung dar.

## 4   Entwicklungsgrundlagen für ein umfassendes Steuersystem

Der wirtschaftliche Aufbau der Teilnehmer und Übertragungssysteme setzt geeignete Bauelemente voraus, welche die gestellten Anforderungen erfüllen. Die zentrale Bedeutung der Datenübertragungssysteme DÜVE und DÜVS, die als Standardschnitt-
stellen die Grundlage für den Aufbau eines Bausteinsystems
bilden (vgl. Kap. 3), erfordert eine genaue Analyse von Lösungsmöglichkeiten, Kennzeichen und Entwicklungen von Übertragungssystemen.

In /3/ wird gezeigt, daß sich die Busstruktur im Vergleich
zu Stern- und Maschenstrukturen am besten für die Übertragungssysteme DÜVS und DÜVE eignen. Das Bussystem verbindet Teilnehmer, welche Sende- bzw. Empfangseigenschaft besitzen, über
einen gemeinsamen Datenweg. Hauptvorteil ist, daß ein neuer
Teilnehmer nach dem Steckdosenprinzip hinzugefügt werden kann.

In diesem Kapitel sollen die erforderlichen Bauelemente für
den Aufbau der Teilnehmer und Bussysteme aufgezeigt werden.
Kennzeichen von Bussystemen und deren Lösungsmöglichkeiten sowie wesentliche Entwicklungen werden bezüglich der Anforderungen analysiert.

### 4.1 Bauelemente für den Aufbau der Teilnehmer und Übertra-
gungssysteme

Besonders die Realisierung der informationsverarbeitenden
Funktionen der Steuerdatenverarbeitungsebene wird  durch neue
Bauelemente der Halbleitertechnik wie Speicher und Mikroprozessoren stark beeinflußt. Sie reduzieren den Einsatz der bisher in großem Umfang verwendeten TTL- und CMOS-Schaltkreise
/15/16/ auf Anwendungen an den Schnittstellen zur Kopplung
der Teilnehmer oder auf Anwendungen mit hohen Geschwindig-
keitsanforderungen (z.B. Lage-Istwerterfassung, vgl. Kap.
3.2.2). Speicherbausteine und Mikroprozessoren ermöglichen den
Aufbau von komplexen Teilnehmern auf engstem Raum und das Realisieren der Steuerfunktionen über Programme. Sie bilden damit
die Voraussetzung für die wirtschaftliche Verwirklichung des

geforderten modularen Steuersystems mit leicht änderbaren
Steuerfunktionen. In /17/ wird eine umfassende Zusammenstel-
lung der Kennzeichen und Eigenschaften von Mikroprozessoren
und Speichern sowie deren wesentliche soft- und hardware-
orientierte Entwicklungshilfen gegeben.

## 4.1.1 Mikroprozessoren

Vom Aufbau und der Leistung her kann man Mikroprozessoren in
solche mit konstanter Wortlänge und in kaskadierbare Prozes-
sorelemente einteilen. Aufgrund der ausreichenden Leistungsfähigkeit, Flexibilität und der einfachen Handhabbarkeit kommen für das Verwirklichen der informationsverarbeitenden Funktionen der Steuerdatenverarbeitungsebene vorwiegend Ein-Chip-
Mikroprozessoren mit konstanter Wortlänge in Frage /17/.

Die beste Beurteilung der Leistungsfähigkeit von Mikroprozessoren erhält man durch den Vergleich von Testprogrammen.
Für die Problemstellung werden charakteristische Programme
für verschiedene Mikroprozessoren entwickelt und dann z.B.
Programmausführungszeiten und Programmlängen miteinander verglichen. Dies wurde für einige im Rahmen dieser Arbeit betrachteten Mikroprozessoren anhand von charakteristischen
Algorithmen der Steuerdatenverarbeitungsebene durchgeführt. Während bei den 8-bit Mikroprozessoren der Z-80 von
Zilog gut abschneidet, dominiert bei den 16-bit Mikroprozessoren der TMS 9900 von Texas Instruments.

Um wenig Schnittstellenaufwand für das Datenübertragungssystem
DÜVE zu bekommen, das Teilnehmer, die Mikroprozessoren enthalten, koppelt, müssen die Struktur der internen mikroprozessorspezifischen Übertragungssysteme und die Steuersignale des Mikroprozessors berücksichtigt werden. Bild 4/1 zeigt die quasi
Standardsignale eines Ein-Chip-Mikroprozessors.

Ein 16-bit breiter Adreßbus dient zum Adressieren von bis zu
64 k-byte / 32 k-Worte und ermöglicht damit das direkte Adres-

- 45 -

sieren großer Speicherbereiche (z.B. des NC-Programmspeichers).
Das direkte Adressieren einzelner Register und Speicherzellen
über den Mikroprozessorbus  hat den geringsten Hard- und Soft-
warekoppelaufwand zur Folge und erlaubt die schnellsten Über-
tragungsgeschwindigkeiten. Dies sollte über das interne Übertragungssystem DÜVE möglich sein.

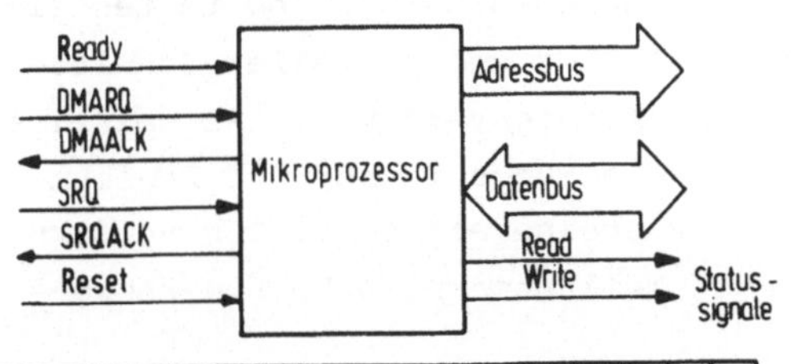


| Signal Richtung \ Typ | | 8080 | 8085 | 6800 | SCMP | 2650 | F8 | PPS8 | Z80 | COS MAC | TMS 9900 | CP 1600 | PACE | F100L |
|---|---|---|---|---|---|---|---|---|---|---|---|---|---|
| Datenbus | E/A | 8 + | 8 + | 8 + | 8 + | 8 + | 8 + | 8 + | 8 + | 8 + | 16 + | 16 + | 16 + | 16 + |
| Adressbus | A | 16 + | 8 + | 16 + | 16 + | 15 + | 16 + | 15 + | 16 + | 16 + | 16 + | 16 + | 16 + | 15 + |
| Read | A | + | + | + | + | + | + | + | + | + | + | + | + | + |
| Write | A | + | + | + | + | + | + | + | + | + | + | + | + | + |
| Ready | E | + | + | + | + | + | − | − | + | + | + | + | + | + |
| DMARQ | E | + | + | + | + | + | + | + | + | + | + | + | + | + |
| DMAACK | A | + | + | + | + | − | + | + | + | + | + | + | + | + |
| SRQ | E | + | + | + | + | + | − | − | + | + | + | + | + | + |
| SRQACK | A | + | + | − | − | + | − | + | + | + | − | + | − | + |
| Reset | E | + | + | + | + | + | + | + | + | + | + | + | + | + |

+ : Ein/Ausgang vorhanden    E : Eingabe
− : Ein/Ausgang nicht vorhanden    A : Ausgabe

Bild 4/1:
Ein-Chip Mikro-
prozessoren und
ihre Steuersig-
nale

Die Daten werden zwischen Prozessor und Speicher bzw. Peri-
pherie über den Datenbus mit Steuersignalen ausgetauscht, die
in der Regel Operationen wie Hol-, Ausführungsphase, Speicherzugriff u.a. kennzeichnen (vgl. Bild 4/1). Den Datenaustausch
mit langsameren Geräten steuert ein Synchronisiersignal, das
den Prozessor solange anhält (d.h. in Wartezyklen versetzt),
bis das Gerät bereit ist. Ein weiteres Signal (DMARQ) ermöglicht einen direkten Speicherzugriff. Dabei schaltet sich der
Prozessor vom Adress- und Datenbus ab (DMAACK) und gibt diese
für das Gerät, das den Anforderungswunsch hatte, frei. Ein
oder mehrere Interruptsignale (SRQ) unterbrechen das laufende

Programm. Nach Quittierung des ausgelösten Interruptes (SRQACK)
über eine Antwortleitung liest der Prozessor eine Anfangsadresse (Vektor), die auf das entsprechende Antwortprogramm zeigt.
Zu den Mikroprozessoren existiert eine Vielzahl äußerst komplexer und leistungsfähiger, direkt vom Mikroprozessor ansteuer-
barer Ein-/Ausgabebausteine. Steuerworte und Parameter, die vom
Mikroprozessor in die Bausteine geladen werden, gestatten die
Realisierung verschiedener paralleler und serieller Schnittstellen sowie verschiedene Übertragungsverfahren. Als einzige
elektrische Anpassung sind dann Leitungstreiber und Pegelum-
setzer notwendig /18/. Diese Bausteine eignen sich besonders
für die Kopplung von einfachen Teilnehmern, z.B. Ein-/Ausga-
ben u.ä..

## 4.1.2 Technologien für die Übertragungsschnittstellen

Die Technologie hat Einfluß auf die Übertragungsgeschwindigkeit, die Störsicherheit und auf die Übertragungslänge des
Übertragungssystems. Aufgrund der räumlichen Anordnung der
Teilnehmer (vgl. Kap. 3.3) ist für DÜVS galvanische Trennung
und rückwirkungsfreie Ankopplung gefordert, während für DÜVE
eine zentrale Stromversorgung mit galvanischer Kopplung vorausgesetzt ist.

Diese Forderungen erfüllen zur Zeit für DÜVS Transformatoren
gegenüber symmetrischen Treiber-Empfängerschaltkreisen und
Optokopplern am besten. Für DÜVE kommt die CMOS- bzw. LPS
(Low-Power-Schottky)- TTL-Technologie in Frage. Bild 4/2
zeigt den Vergleich der beiden Technologien. Dem Vorteil der
höheren Geschwindigkeit bei LPS-TTL steht der Vorteil des
höheren Störabstandes sowie des geringeren Leistungsverbrauchs
bei geringeren Geschwindigkeiten von CMOS gegenüber /15,16/.
Daneben verursacht die Anpassung an die TTL-kompatiblen Mikroprozessoren bei LPS-Treibern und -Empfängern gegenüber CMOS
weniger Kosten und Platzbedarf, wie aus Bild 4/2 zu sehen ist.
Während bei LPS-TTL-Technik wegen Störerscheinungen ca.(2...3) m

bei 1 Mbd Übertragungsgeschwindigkeit die obere Busgrenzlänge
darstellt, kann bei CMOS mit maximal 250 kbd bis 10 m übertragen werden.

| Merkmal ⟍ Technologie | LPS TTL | CMOS | |
|---|---|---|---|
| Koppelaufwand / Bit<br><br>W : Schreiben<br>R : Lesen<br>CS : Tri-State Steuereingang | MP-TTL-Bus ... TTL-System-Bus | MP-TTL-Bus ... CMOS-System-Bus | |
| Leistungsverbrauch / Bit | | $U_B = 5\,V$ | $U_B = 10\,V$ |
| bei 10 kHz | 30 mW | $(15 + 0{,}02)\,mW$ | $(15 + 0{,}06)\,mW$ |
| bei 100 kHz | 30 mW | $(15 + 0{,}16)\,mW$ | $(15 + 0{,}56)\,mW$ |
| bei 1 MHz | 30,2 mW | $(15{,}1 + 1{,}6)\,mW$ | $(15{,}1 + 5{,}6)\,mW$ |
| Betriebsspannung $U_B$ | 5 V ± 0,5 V geregelt | $(3 \ldots 18)\,V$ ungeregelt | |
| stat. Störabstand | 0,4 V | $0{,}4 \cdot U_B$ | |
| dyn. Störabstand | 10 ns | 100 ns | |
| "fan out": von einem Ausgang ansteuerbare Eingänge | ...20 | ... 20 ... | |
| Verzögerungszeit bei 20 Lasten $U_B = 5\,V / 10\,V$ | 20 ns /- | ca 250 ns / ca 150 ns | |
| 25 Stückpreis / Bit | 1,50 DM | 3,00 DM | |

<u>Bild 4/2:</u> Einfluß der Technologie auf die Schnittstelle DÜVE


## 4.2 Kennzeichen und Lösungsmöglichkeiten für die Übertragungssysteme DÜVE und DÜVS


In diesem Abschnitt sollen grundlegende Kennzeichen und Lösungsmöglichkeiten von Bussystemen wie Leitungsarten, Betriebsweisen, Datenkanalaufteilungen, Betriebsarten, Synchro-
nisier- und Informationssicherungsverfahren aufgezeigt, analysiert und bezogen auf die Anforderungen in Kap. 3 bewertet
werden. Die wesentlichen Entwicklungen werden anhand der gestellten Anforderungen auf Eignung für die Übertragungssysteme
DÜVS und DÜVE untersucht.


### 4.2.1 Leitungsarten


Bild 4/3 zeigt Leitungsarten, die in Bussystemen Verwendung
finden, sowie deren wesentliche Eigenschaften. Die offene
Leitung benötigt gegenüber der geschlossenen Ringleitung

weniger Leitungslänge. Demgegenüber hat die Ringleitung
den Vorteil einer konstanten Signallaufzeit zwischen Senden
und Empfangen beim Teilnehmer, der zum Beispiel das Übertragungssystem steuert (vgl. Kap. 4.2.4). Die Sammelleitung bedarf bei Erweiterung keiner Leitungsänderung, während die
geschleifte Leitung eine Verdrahtungsänderung zwischen einem
Sender und Empfänger zum Übertragen der Daten erfordert.

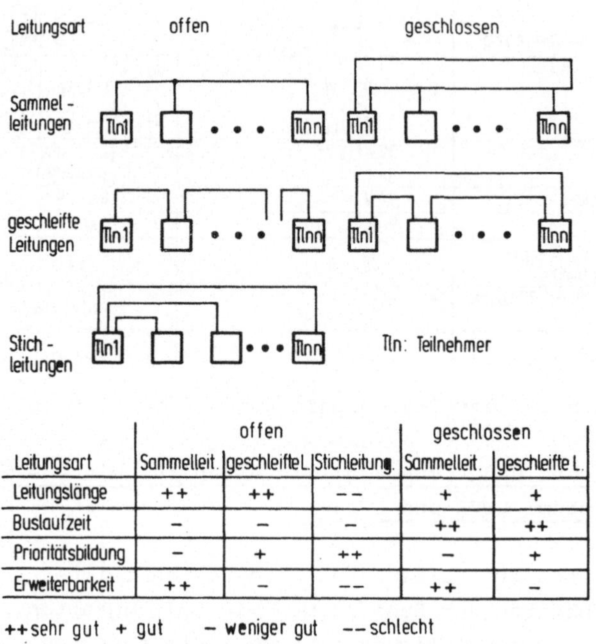


| Leitungsart | offen | | | geschlossen | |
|---|---|---|---|---|---|
| | Sammelleit. | geschleifte L. | Stichleitung. | Sammelleit. | geschleifte L. |
| Leitungslänge | + + | + + | – – | + | + |
| Buslaufzeit | – | – | – | + + | + + |
| Prioritätsbildung | – | + | + + | – | + |
| Erweiterbarkeit | + + | – | – – | + + | – |

++ sehr gut  + gut   – weniger gut   – – schlecht

<u>Bild 4/3:</u> Leitungsarten und deren Eigenschaften

Dagegen erlaubt die geschleifte Weitergabe eine äußerst
einfache Prioritätsbildung. Durch die direkte Zuordnung
Teilnehmer zu Leitung ermöglicht die Stichleitung die schnell-
ste Übertragung, Identifizierung und Prioritätsbildung. Die
für jeden Teilnehmer notwendige getrennte Leitung erhöht die
Leitungszahl und führt zu schlechter Erweiterbarkeit.

## 4.2.2 Betriebsweisen

Die Betriebsweisen kennzeichnen die zeitliche Ordnung des
Informationsaustausches auf den Übertragungswegen /19/. Es
ist der Simplex-, Halbduplex- und Vollduplexbetrieb, sowie
die Parallel- und Seriellübertragung zu unterscheiden.

Wegen der fehlenden wechselseitigen Nachrichtenübermittlung,
die für die betrachteten Datenübertragungssysteme DÜVE und
DÜVS gefordert ist, ist hier der Simplexbetrieb ungeeignet.
Der Vollduplexbetrieb, der zwei getrennte Datenwege für die
Hin- und Rückübertragung vorsieht, ermöglicht parallelen
Datenaustausch bei entsprechend großem Aufwand an Übertra-
gungswegen. Aufgrund keiner extrem hohen Datenraten und der
bidirektionalen Betriebsweise der internen Bussysteme der
Mikroprozessoren, die in der Steuerdatenverarbeitungsebene
(DÜVE) zu koppeln sind, kann der Vollduplexbetrieb nicht ge-
nutzt werden. Hier bietet das Halbduplexverfahren, das eine
Übertragung sowohl der Hin- als auch der Rückinformation
auf einem Übertragungsweg ermöglicht, den geringsten Aufwand. Dies gilt ebenso für die Datenübertragung zwischen
Datenverteilebene und Steuerdatenverarbeitungsebene, die

|  | serieller Bus | paralleler Bus |
|---|---|---|
| Informationsdurchsatz | niedriger | höher |
| Störungsmöglichkeit | höher | niedriger |
| Leistungsverbrauch | niedriger | höher |
| Schaltungsaufwand | höher | niedriger |
| Kabelaufwand | niedriger | höher |
| Stromversorgung | dezentral | zentral |
| Wartung, Test und Inbetriebnahme | höher | einfacher |

Tabelle 4/1: Einflußfaktoren auf die Wahl der Parallel-
und Seriellübertragung

häufig über längere Strecken (bis 2 km) stattfindet, so daß die Kabelkosten eine entscheidende Rolle spielen.

Tabelle 4/1 zeigt die Einflußfaktoren auf die Wahl der Parallelübertragung, die einzelne Worte parallel überträgt, und der Seriellübertragung, die einzelne Bits seriell überträgt. Die Parallelübertragung überträgt beim Block- und Wortmultiplexverfahren (vgl. Kap. 4.2.3) die Adressen, Befehle und Daten wortweise, sequentiell auf einem gemeinsamen Datenkanal bzw. wortweise parallel auf einem in Adreß-, Befehls- und Datenweg getrennten Datenkanal.

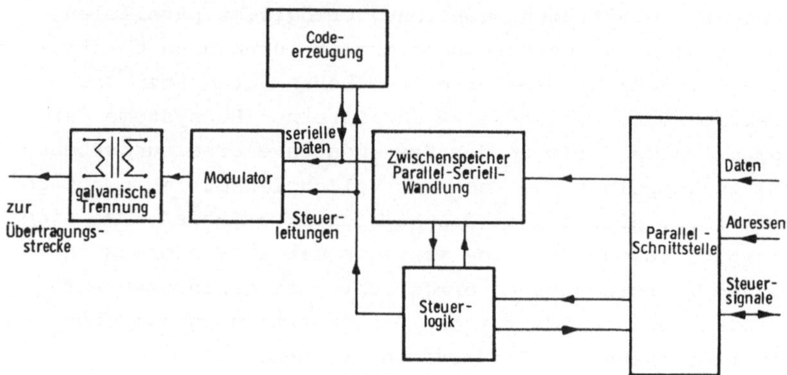


**Bild 4/4:** Schaltungsaufwand für serielles Senden

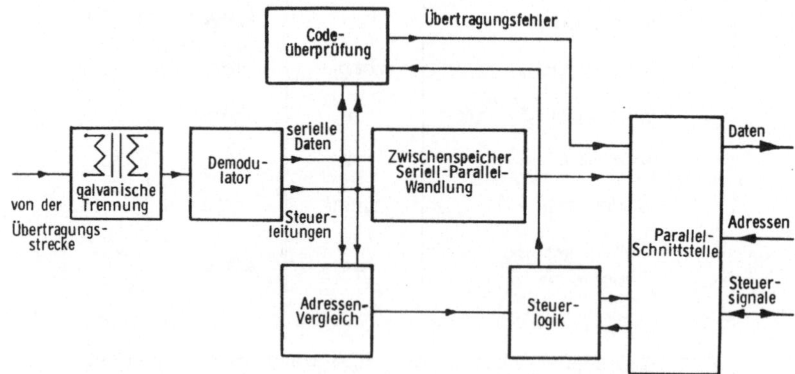


**Bild 4/5:** Schaltungsaufwand für serielles Empfangen

Die Wahl der Parallelübertragung oder der Seriellübertragung
ist bei nicht zu hohem Informationsdurchsatz besonders vom
Schaltungsaufwand und den Kabelkosten bestimmt.
Die Bilder 4/4 und 4/5 zeigen im Prinzip den Schaltungsauf-
wand für serielles Senden und serielles Empfangen. Unter der
Voraussetzung, daß auf der Senderseite die Daten in paralle-
ler Form anliegen und auf der Empfängerseite in paralleler
Form verarbeitet werden, wird der Schaltungsaufwand für die
Datenübertragungssteuerung  weniger komplex, wenn man ein
paralleles Übertragungssystem wählt, wie der Vergleich von
Bild 4/4 und 4/5 mit 4/6 zeigt.

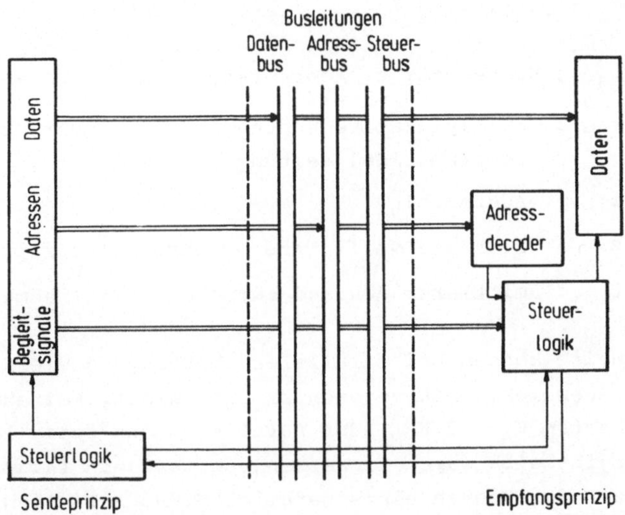


<u>Bild 4/6:</u> Schaltungsaufwand für paralleles Senden und
Empfangen

Aufgrund der steigenden Kabelkosten existiert bei zunehmender Übertragungslänge eine Grenzlänge zwischen paralleler und
serieller Übertragung, ab der die serielle Übertragung kostengünstiger ist.
Diese Grenzlänge ergibt sich aus einem Kostenvergleich der
Gesamtkosten eines parallelen und seriellen Übertragungssystems. Die Kosten eines Übertragungssystems betragen

$$K_{\ddot{U}T} = K_{SE} + K_{STEL} + K_A + K_K + K_{EHS} \qquad (4.1)$$

- 52 -

mit $K_{SE}$ : Kosten für Sender- und Empfängerschaltkreise

$K_{STEL}$ : Kosten für die Steuerelektronik

$K_A$ : Kosten für den mechanischen Aufbau
(Stecker, Platine, Verdrahtung)

$K_K$ : Kabelkosten

$K_{EHS}$ : Kosten für Hard- und Softwareentwicklung

Zur Abschätzung der Grenzlänge lassen sich die Kabelkosten $K_K$ abschnittsweise wie folgt annähern:

$$K_K = k_1 \cdot l + k_2 \cdot (z - z_1) \cdot l \; , \quad z > z_1 \qquad (4.2)$$

mit $k_1$ : Kosten für $z_1$ Adern (Adernpaare) pro Meter

$k_2$ : multiplikative Kosten für eine mehradrige
(mehrpaarige) Leitung pro Meter

$z$ : Adernzahl

$z_1$ : kleinste verfügbare Adernzahl (Adernpaare)

$l$ : mittlerer Abstand zwischen 2 Teilnehmern

Näherungsweise können bei paralleler Übertragung die Kosten
für die Steuerelektronik vernachlässigt werden. Bei etwa
gleichen Kosten $K_A$ und $K_{EHS}$ der parallelen und seriellen Übertragung ergibt sich durch Einsetzen von (4.2) in (4.1) und
Gleichsetzen der Kosten eines parallelen und seriellen Übertragungssystems die Grenzlänge $l_G$:

$$l_G = \frac{K_{SES} + K_{STELS} - z \cdot K_{SEP}}{k_2 \cdot (z - z_1)} \qquad (4.3)$$

mit $K_{SES}$ : Kosten für Sender- und Empfängerschaltkreise
bei serieller Übertragung

$K_{STELS}$ : Kosten für die Steuerelektronik bei serieller
Übertragung

$K_{SEP}$ : Kosten für Sender- und Empfängerschaltkreise
bei paralleler Übertragung pro Ader
(Adernpaar)

Bild 4/7 zeigt Beispiele für Grenzlängen bei Verwendung verschiedener Kabeltypen. Durch die Verfügbarkeit von LSI-Schaltkreisen wird der Faktor $K_{STELS}$ und damit die Grenzlänge immer mehr zugunsten der seriellen Übertragung verschoben.

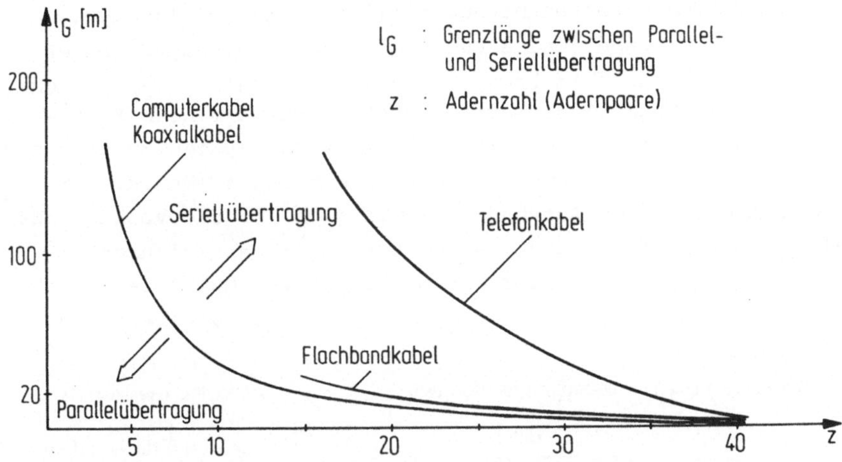


<u>Bild 4/7:</u> Grenzlänge zwischen paralleler und serieller Übertragung

Aus den angeführten Gründen ist die Seriellübertragung vorwiegend für die Kopplung räumlich verteilter mehr oder weniger autonomer Geräte mit eigener Stromversorgung geeignet. Die Parallelübertragung ist vorteilhaft für räumlich nahe beieinander liegende Teilnehmer in einem Gerät oder Schrank einzusetzen, die von einer zentralen Stromversorgung gespeist werden und nicht galvanisch entkoppelt sein müssen. Die angestellten Überlegungen fordern für DÜVE die Parallelübertragung, während für DÜVS nur die Seriellübertragung in Frage kommt (vgl. Bild 3/1).

## 4.2.3 Datenkanalaufteilung

Zum definierten Verbindungsaufbau zwischen einem Sender und einem Empfänger ist eine Aufteilung bzw. Zuordnung des

gemeinsamen Datenkanals notwendig. Falls im System nur ein
Teilnehmer mit Fähigkeit zur Datenkanalaufteilung existiert,
ergibt sich eine zentrale Organisationsform. Ein dezentral
organisiertes Mehrprozessorsteuersystem besitzt dagegen mehrere Teilnehmer, welche den Datenkanal selbständig steuern
und den direkten Datenaustausch zwischen den Teilnehmern der
Steuerdatenverarbeitungsebene abwickeln. Man unterscheidet
Multiplexverfahren im Frequenz- und Zeitbereich /19/. Wegen
einer eindeutigen Informationsdarstellung darf beim Multiplexverfahren im Zeitbereich nur ein Sender Daten aussenden,
während mehrere Empfänger die Daten empfangen können. Aufgrund des geringen Aufwandes eignen sich für die vorliegende
digitale Nachrichtenübertragung nur Multiplexverfahren im
Zeitbereich. Es wird hier der zyklische Zeitmultiplex-, der
Blockmultiplex- und der Wortmultiplexbetrieb unterschieden
(Bild 4/8).

Datenkanalaufteilung — Übertragungsrahmenstruktur — Übertragungsrahmendauer $T_R$

Zeitmultiplex:

$$T_R = T_t \cdot w \cdot \sum_{v=1}^{n} (I_{H_v} + I_{R_v}) + T_t \cdot SYN$$

Blockmultiplex konstante Blocklänge:

$$T_R = T_t \times (SYN + TlnA + I_{H,R})$$

variable Blocklänge:

$$T_R = T_t \times (SYN + TlnA + I_{H,R_i})$$

Wortmultiplex:

$$T_R = T_t$$

$T_t$ = Taktbreite, $I_{H,R}$ = Hin-Rückinformation, SYN = Synchronisierinformation, w = Anzahl event. Wiederholungen
Tln = Teilnehmer, TlnA = Teilnehmer Adresse

| Merkmale | Zeitmultiplex | Blockmultiplex | Wortmultiplex |
|---|---|---|---|
| Aufwand | hoch | hoch | niedrig |
| Flexibilität | gering | hoch | sehr hoch |
| Erweiterbarkeit | schlecht | gut | gut |
| Effizienz | schlecht | gut | sehr gut |
| Reaktionszeit | fest | belastungsabhängig | belastungsabhängig |

Bild 4/8: Datenkanalaufteilung in Bussystemen

Voraussetzung für das Zeitmultiplexverfahren ist der genaue
Synchronismus zwischen Sender und Empfänger. Jedem Teilnehmer
ist für die Hin- und Rückübertragung ein fester zyklisch wie-
derkehrender Zeitabschnitt (Zeitlage) zugeordnet. Eine einfa-

che Organisation des Ablaufs und die genau festliegende
maximale Reaktionszeit sind die Vorteile dieses Verfahrens.
Die Gesamtrahmenlänge $T_R$ und die max. Reaktionszeit,bis ein
Teilnehmer diese Zeitlage erkennt,ergibt sich aus der Summe
der insgesamt möglichen Hin- und Rückübertragungen pro Teilnehmer. Die richtige Dimensionierung der Zeitlagen berücksichtigt eventuelle Wiederholungen bei Übertragungsfehlern
(worst case-Betrachtung). Dieses Verfahren erfordert zum
Erkennen der richtigen Zeitlage Zähler in den Teilnehmern,
die der Systemtakt hochzählt. Der Teilnehmer entnimmt dann
Informationen aus bestimmten Bitpositionen bzw. setzt Informationen in vorgesehene Bitpositionen ab. Das Prinzip ist für
gleichartige Teilnehmer mit gleicher Informationsstruktur
und gleicher Anrufverteilung geeignet. Intern zyklisch ar-
beitende Teilnehmer sind direkt über den Bus synchronisierbar.
Besonders bei den unterschiedlichen Informationsstrukturen
innerhalb der Steuerdatenverarbeitungsebene ist die worst-
case Dimensionierung, die jedem Teilnehmer seine maximal
mögliche Übertragungszeit reserviert, redundant.

Der Block- und Wortmultiplexbetrieb vermeidet diese Nachteile
größtenteils. Während beim Zeitmultiplexbetrieb die Zeitlage
einen Teilnehmer auswählt, geschieht dies bei Block- und
Wortmultiplexverfahren durch eine zusätzliche Teilnehmeradresse am Kopf der Nachricht. Diese gezielte Adressierung ergibt
gegenüber dem Zeitmultiplexbetrieb eine größere Flexibilität
und Erweiterbarkeit.

Es wird ein Informationsaustausch mit fester bzw. variabler
Blocklänge unterschieden. Ein fester Datenblock führt zu
einem geringeren Aufwand für die Ein/Ausgabesteuerung. Dagegen kann der Redundanzanteil bei unterschiedlichen Informationsstrukturen in den Teilnehmern gegenüber einem variablen
Block Zeitverluste hervorrufen. Die unterschiedlich langen
NC-Programme und Rückmeldeinformationen (vgl. Tab. 6/1)
fordern für DÜVS den variablen Blockmultiplexbetrieb.

Bei Wortmultiplexbetrieb erfolgt ein paralleler Datentransfer mit Teilnehmeradresse und weiteren Daten in einem Zyklus. Da in jedem Zyklus ein anderer Teilnehmer ansprechbar ist, ist ein schneller und flexibler Transfer möglich. Damit läßt sich ein prioritätsbehafteter Datenverkehr, wie er in der Steuerdatenverarbeitungsebene gegeben ist, am schnellsten abwickeln. Der Wortmultiplexbetrieb ist daher besonders für das interne Bussystem DÜVE geeignet.

Die Adressierung der Teilnehmer beim Block- und Wortmultiplexbetrieb erfordert ein geeignetes Adressierungsverfahren. Dieses hat  Einfluß auf den Koppelaufwand, die Softwareorganisation und die Handhabung des Systems (Bild 4/9).

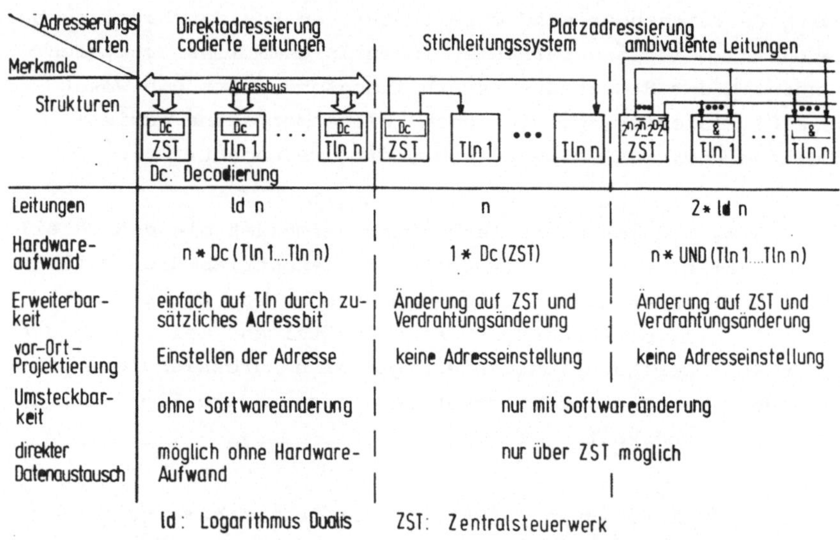



| Merkmale | Direktadressierung codierte Leitungen | Platzadressierung Stichleitungssystem | ambivalente Leitungen |
|---|---|---|---|
| Leitungen | ld n | n | 2 * ld n |
| Hardware-aufwand | n * Dc (Tln 1....Tln n) | 1 * Dc (ZST) | n * UND (Tln 1....Tln n) |
| Erweiterbarkeit | einfach auf Tln durch zusätzliches Adressbit | Änderung auf ZST und Verdrahtungsänderung | Änderung auf ZST und Verdrahtungsänderung |
| vor-Ort-Projektierung | Einstellen der Adresse | keine Adresseinstellung | keine Adresseinstellung |
| Umsteckbarkeit | ohne Softwareänderung | nur mit Softwareänderung | |
| direkter Datenaustausch | möglich ohne Hardware-Aufwand | nur über ZST möglich | |

Bild 4/9: Struktur und Merkmale von Adressierungsarten

Bei der Direktadressierung wird die Teilnehmeradresse codiert übertragen und auf dem Teilnehmer eingestellt. Während beim Seriellbus aufgrund der räumlichen Verteilung die Teilnehmeradresse codiert  seriell übertragen wird, sind bei Parallel-

bussystemen im Wortmultiplexbetrieb häufig indirekte Platzadressierungsverfahren eingesetzt. Hier steuern einzelne
Adressierungssignale einen bestimmten Platz an. Diese Adres-
sierungsart findet vorwiegend bei räumlich begrenzten Systemen, z.B. innerhalb eines Magazins, Anwendung. Wird ein Teilnehmer innerhalb eines platzcodierten Systems umgesteckt,
ist er nur unter der neuen Platzadresse ansprechbar, da er
selbst nicht codiert ist.

Die Direktadressierung erfordert die Codierung eines Teilnehmers mit einer festen Adresse und das Decodieren des
vollen Adreßfeldes. Dies bedeutet erhöhten Aufwand in jedem
Teilnehmer für die Adreßeinstellung und -decodierung, im
Gegensatz zu den nur einmalig im Zentralsteuerwerk (vgl.
Kap. 4.2.4) benötigten Bauelementen bei Platzadressierung.
Ein Teilnehmer kann jedoch an einen beliebigen Platz im System gesteckt werden, ohne die eingestellte Ansprechadresse
in der Software ändern zu müssen.

Im Bild 4/9 sind zwei Platzadressierungsverfahren dargestellt.
Zum einen werden die Adressen ambivalent /20/ übertragen.
Durch Verdrahtung erhält der Teilnehmer die Adreßbits in der
dem Platz entsprechenden Valenz. Die Decodierung erfolgt dann
für alle Teilnehmer gleichartig, z.B. durch eine einfache
UND-Verknüpfung. Das zweite Verfahren adressiert die Teilnehmer über Stichleitungen. Hier findet eine vollständige,
im Zentralsteuerwerk vorgenommene Decodierung statt. Eine
einzelne Leitung steuert einen bestimmten Platz an. Vorteil
dieser Platzadressierungsverfahren ist die einfache Handhabung im Prüffeld. Es bedarf im Gegensatz zur Direktadressierung keinerlei Adreßeinstellungen auf dem Teilnehmer. Dem
gegenüber stehen jedoch die Nachteile bei Platzänderungen
und Systemerweiterungen.

Beim internen Bussystem DÜVE ist bei Platzadressierung der
Teilnehmer kein direkter Datenaustausch zwischen den Teilnehmern möglich. Außerdem erleichtert hier das ohne Softwareän-

derung mögliche Umstecken einzelner Teilnehmer die Projek-
tierung.

## 4.2.4 Betriebsarten

Die Zuteilung des Datenweges an einen Sender, der Daten
übertragen möchte, muß von einer übergeordneten Bussteuerung verwaltet werden. Die Bussteuerung wird im Zentralsteuerwerk (ZST) realisiert. Die verschiedenen Verfahren
zur Bussteuerung beschreibt die Betriebsart. Hier ist der
zyklische, der Abfrage- und der spontane Betrieb zu unter-
suchen /19/.

Die zyklische Betriebsart teilt jedem Teilnehmer den Datenkanal für einen festen Zeitabschnitt zu (vgl. Bild 4/8).
Aufgrund des starren Zyklusses geht keine Zeit für die Buszuteilung verloren. Die Steuerung der Zeitscheibe erfordert
jedoch zusätzlichen Aufwand. Bei Einzelworttransfers und
gleichen Datenraten der einzelnen Teilnehmer ermöglicht dieses Verfahren einen hohen Datendurchsatz. Aufgrund des blockweisen Datenaustausches mit unterschiedlicher Frequenz kommt
diese Betriebsart für die hier vorliegenden Übertragungsfälle
(vgl. Kap. 3.3) nicht in Betracht.

Beim Abfragebetrieb fragt das Zentralsteuerwerk einzelne untergeordnete Teilnehmer im Blockmultiplex- bzw. Wortmultiplexbetrieb ab (vgl. Bild 4/8), ob Anforderungen vorliegen.
Diese Betriebsart erfordert einen geringen Aufwand im Zentralsteuerwerk und zeichnet sich durch eine einfache Organisationsform mit einfacher Prioritätsänderung aus. Nachteilig
sind die Busbelegungen durch die Abfragezyklen, auch wenn
kein Übertragungswunsch seitens einzelner Teilnehmer vorliegt.

Gegenüber dieser vom Zentralsteuerwerk gesteuerten Abfrage erlaubt der spontane Betrieb asynchron das Absetzen eines Alarms
seitens eines Teilnehmers, aufgrund dessen z.B. eine Buszu-

teilung vorgenommen und ein Datenaustausch eingeleitet werden kann. Besonders für den Datenaustausch unterschiedlicher Dringlichkeit  und statistischer Verteilung,wie er innerhalb der Steuerdatenverarbeitungsebene zwischen einzelnen Teilnehmern auftritt, ist der spontane Betrieb geeignet.

In einem Alarmsystem lassen sich die Funktionen

> 1. Übermittlung des Alarms
> 2. Identifizierung des alarmauslösenden Teilnehmers und Prioritätsbildung bei Gleichzeitigkeit von Alarmen und
> 3. Übermittlung der Alarmursache

unterscheiden. Die Bussteuerung (Zentralsteuerwerk) muß die Funktionen 2 und 3 ausführen, eine Auswertung der Alarmursache vornehmen und gegebenenfalls eine Reaktion, z.B. prioritätsgerecht die Zuteilung des Datenweges an einen Teilnehmer, vornehmen. Mögliche Strukturen von parallelen und seriellen Alarmsystemen unterscheiden sich hinsichtlich der Realisierung dieser Funktionen und deren Eigenschaften.

## Alarmsysteme bei der Parallelübertragung

Beim parallelen Bus in der Steuerdatenverarbeitungsebene ist ein möglichst schneller Ablauf der genannten Funktionen bei geringer Leitungszahl und geringem Aufwand gefordert. Bild 4/10 zeigt Strukturen und Eigenschaften der untersuchten Alarmsysteme.

Struktur ASP I verwendet zur Alarmmeldung ein Stichleitungssystem, bei dem jedem Teilnehmer eine eigene Alarmleitung zugeordnet ist. Ein zentral installiertes Steuerwerk bildet automatisch die höchste Priorität und generiert eine dem jeweiligen Alarm zugeordnete Adresse (Vektor). Die Vorteile liegen in der schnellen und unabhängig zum momentanen Datenaustausch möglichen Identifikation des alarmauslösenden Teilnehmers. Ungünstig ist die schlechte Erweiterbarkeit durch das Verletzen des Bus-Prinzips und die hohe Anzahl der

Leitungen.

| Struktur | ASPI | ASPII | ASPIII | ASPIV |
|---|---|---|---|---|
| **Ablauf** | | | | |
| Übermittlung des Alarms | n Alarmleitungen | 1 Sammelleitung (SRQ) | 1 Sammelleitung (SRQ) | 1 geschleifte Leitung (SRQ) |
| Identifizierung des Teilnehmers Prioritätsbildung | Prioritätsschaltwerk im ZST | serielle Abfrage -Absetzen eines Bits auf Daten-und Adressleit. | geschleifte Leitung (ACK) | SRQ |
| Übermittlung der Alarmursache | Statuswort | Statuswort | Statuswort | Statuswort |
| **Eigenschaften** | | | | |
| Leitungszahl | n | 1 | 3 | 3 |
| Identifikationsgeschwindigkeit des Teilnehmers | 1 Schritt auf ZST unabhängig von DBS | 1 Schritt auf ZST 1...n Schritte über DBS | 1 Schritt auf ZST 1 Schritt über DBS | 1 Schritt auf ZST 1 Schritt über DBS |
| Prioritätsänderung | zentral im ZST | zentral im ZST | Verdrahtung | Verdrahtung |
| Erweiterbarkeit | neue Stichleitung | Bus | Bus | Bus |
| Aufwand | ZST: hoch Tln : gering | ZST: gering...hoch Tln : gering | ZST: gering Tln : mittel | ZST: gering Tln : mittel |

<u>Bild 4/1o</u>: Struktur und Eigenschaften von Alarmsystemen bei parallelen Bussystemen (ASP)

Struktur ASP II weist die geringste Anzahl der Leitungen auf. Ein Sammelleitungssignal (SRQ) veranlaßt eine Teilnehmeridentifikation beim Zentralsteuerwerk. Während die reine serielle Abfrage eine getrennte Abfrage für jeden Teilnehmer erfordert, ist durch Zuordnen einzelner Teilnehmer zu bestimmten Daten- oder Adreßleitungen, über welche die Teilnehmer beim Abfragevorgang ihre Alarmzustände übertragen, die Identifikation in einem Schritt durchführbar.

Struktur ASP III identifiziert nach dem erkannten Sammelalarm den Teilnehmer über eine geschleifte Prioritätsleitung (ACK). Abhängig von der Signalrichtung und damit von der Prioritätsrichtung, die entweder vom n-ten Teilnehmer zum Zentralsteuerwerk hin abnimmt bzw. zunimmt, gibt der Teilnehmer das Signal ACK nur dann zum nächsten weiter, falls er keinen Alarm ausgelöst hatte. Damit ist der Teilnehmer,der ACK em-

pfängt und Alarm ausgelöst hat,identifiziert und kann eine
Adresse (Vektor) zum Zentralsteuerwerk übermitteln. Diese
Struktur erlaubt eine schnelle Identifikation und gute Erweiterbarkeit. Ein Einfriersignal stellt während des Abfragens einen definierten Zustand her.

Struktur ASP IV schleift direkt die Alarmleitung durch alle
Teilnehmer. Damit läßt sich ebenfalls eine Prioritätskette,
die vom Zentralsteuerwerk aus gesehen zu- oder abnehmen kann,
bilden. Falls ein Teilnehmer einen Alarm ausgelöst hat,
gibt er diesen über die geschleifte Leitung zum nächsten
weiter. Abhängig von der Prioritätsrichtung wird dessen eigener Alarm abgefragt bzw. gesperrt und damit gewährleistet,
daß jeweils nur ein einziger  und zwar der momentan höchstpriore Alarm zum Zentralsteuerwerk durchkommt. Nachdem dieses
ihn registriert hat, stellt ein zusätzliches Einfriersignal
einen definierten Zustand während des Abfragens her und liest
den Vektor ein.

Die Forderungen, sofortiges Erkennen und Identifizieren des
Ereignisses bei möglichst geringer Leiterzahl, werden von
den Strukturen III und IV erfüllt, die außerdem eine einfache Prioritätsbildung ermöglichen.

Alarmsysteme bei der Seriellübertragung

Um eventuell einzelne Anforderungswünsche der Teilnehmer
der Steuerdatenverarbeitungsebene an die Steuerdatenverteilebene schneller erkennen zu können, wurden mögliche Alarmsysteme auf Realisierbarkeit im Datenübertragungssystem DÜVS
untersucht (Bild 4/11).

Der serielle Bus fordert entsprechend der bitseriellen Arbeitsweise auch ein bitserielles Übermitteln der Alarme und
Identifizieren des alarmauslösenden Teilnehmers. Hierzu müssen zu bestimmten Zeitpunkten Zeitlagen reserviert werden.
Beim Alarmsystem ASSI erzeugt deshalb das Zentralsteuerwerk
zwischen einzelnen Datenübertragungen sogenannte "Leerrahmen",

| | ASS I | ASS II | ASS III |
|---|---|---|---|
| Übermittlung des Alarms | n Zeitlagen | 1 Zeitlage für alle Teilnehmer | Leerrahmen, der von höchstpriorer Unterstation belegt wird |
| Identifizierung des alarmausl. Teiln. | Prioritätsschaltwerk | - serielle Abfrage<br>- n Leerrahmen | Adresse, die im Leerrahmen eingetragen wurde |
| Übermittlung der Alarmursache | Statuswort | Statuswort | Statuswort |
| Eigenschaften<br>Identifikationsgeschwindigkeit | 1..n Zeitlagen | 1 Zeitlage und -1..n Abfragen -oder 1..n Zeitlagen | ein Leerrahmen |
| Prioritätsänderung | zentral im ZST | zentral im ZST | Verdrahtung |
| Erweiterbarkeit | Rahmenänderung | zusätzl. Abfrage | Verdrahtungsänderung |
| Aufwand | ZST: hoch<br>Tln: hoch | ZST: gering<br>Tln: gering-hoch | ZST: gering<br>Tln: hoch |

<u>Bild 4/11:</u> Struktur und Eigenschaften von Alarmsystemen bei seriellen Bussystemen (ASS)

die keine Informationen enthalten. Jeder Bitstelle (Zeitlage) innerhalb des Leerrahmens ist ein Teilnehmer fest zugeordnet (vgl. auch ASPI, Bild 4/10). Nach Erkennen des Leerrahmens kann dadurch jeder Teilnehmer einen eventuellen Alarm absetzen, indem er in die ihm zugeordnete Bitposition ein Bit einträgt. Dies ermöglicht eine sofortige Identifikation des alarmauslösenden Teilnehmers durch das Zentralsteuerwerk.

Das Alarmsystem ASSII verwendet entsprechend der Alarmleitung SRQ beim Parallelbus eine einzige Zeitlage (z.B. am Beginn oder Ende einer Nachricht), in die irgend ein Teilnehmer ein Anforderungsbit absetzt. Daraufhin veranlaßt das Zentralsteuerwerk eine serielle Abfrage bzw. eine Ausgabe des bei Struktur ASSI verwendeten Leerrahmens. Die Verwendung eines Leerrahmens mit einem Bit pro Teilnehmer führt gegenüber einer reinen seriellen Abfrage zu einer schnelleren Identifizierung. Die Prioritätsverteilung ist beim Alarmsy-

stem ASSI und ASSII über ein Programm flexibel durchführbar.
Eine Systemerweiterung erfordert bei ASSI eine aufwendige
Rahmenänderung, während bei ASSII eine weitere Abfrage einfacher integrierbar ist.
Alarmsystem ASSIII benützt eine geschleifte Leitung, die
eine auf- oder absteigende Prioritätskette realisiert. Die
Ausgabe von Leerrahmen seitens des Zentralsteuerwerkes ermöglicht durch Eintragung eines Kennzeichnungsbits bzw.
durch Sperrung der Information vom vorhergehenden Teilnehmer
sofort das Absetzen von - entsprechend der realisierten geo-
graphischen Priorität - vorhandenen Informationen. Dies führt
zur schnellsten Alarmübermittlung. Ein Erweitern erfordert
zwar im Zentralsteuerwerk keine Rahmenänderung, bei räumlich
verteilten Systemen ist jedoch eine geographische Priorität
wegen der schlechten Prioritätsänderung eines Teilnehmers
z.B. durch Vertauschen, ungünstig.

Die Ausgabe von Leerrahmen seitens des Zentralsteuerwerkes
ermöglicht eine asynchrone Alarmübertragung und schnelle
Identifikation der Alarmursache (siehe oben). Dies erfordert
jedoch eine Ringleitung (vgl. Kap. 4.2.1) sowie höheren Aufwand für die Rahmenerzeugung, Teilnehmeridentifikation und
Synchronisierung in jedem Teilnehmer. Aus diesen Gründen ist
für das Übertragungssystem DÜVS, das keine hohen Echtzeitanforderungen stellt, auf eine asynchrone Alarmübermittlung zu
verzichten.

## 4.2.5 Synchronisierung des Datenaustausches

In jedem Übertragungssystem muß während der Übertragung der
Sender mit dem Empfänger in einer festen zeitlichen Beziehung
stehen. Es kann zwischen der jeweils überlagerten Synchronisierung des Bits, des Wortes und der Nachricht unterschieden
werden.

## Synchronisierverfahren bei der Parallelübertragung

In Bild 4/12 sind mögliche Synchronisierverfahren bei der
Parallelübertragung dargestellt /3,21,22/.

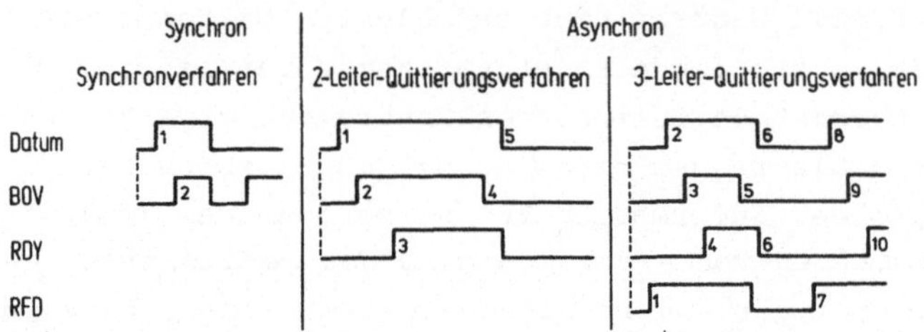


**Bild 4/12:** Synchronisierverfahren bei der Parallelübertragung

Bei der Parallelübertragung fällt die Bit- und Wortsynchronisierung zusammen. Die Nachrichtensynchronisierung erfolgt
durch Adressen (vgl. Kap. 4.2.3).
Bei synchronen Verfahren gibt der Sender in einem voreinge-
stellten Zeitraster Daten aus. Die Zeit zwischen Datenausga-
be und Übernahmetakt muß auf das langsamste Gerät sowie auf
maximale Laufzeit zwischen Sender und Empfänger abgestimmt
sein. Jede Änderung der Übernahme- und Verarbeitungszeiten
eines Empfängers erfordert das Nachstellen des Taktes. Bei
gleichen Übernahmezeiten der Empfänger lassen sich damit die
schnellsten Übertragungsraten erzielen (z.B. bis 5 Mbd bei
TTL-Technologie) /23/. Nachteilig ist die fehlende Quittierung,
die das Vorhandensein des Teilnehmers und dem Sender den erfolgten Datenaustausch anzeigt.

Diesen Nachteil der fehlenden Quittierung vermeiden asynchrone
Synchronisierverfahren. Das empfangende Gerät quittiert jeden
einzelnen Datenaustausch (Handshake). Damit werden automatisch die Zeitverhältnisse berücksichtigt. Beim Zwei-Leiter-
Quittierungsverfahren mit Gültigkeitssignal (BOV) und Antwortsignal (RDY) ist eine Quittierung, welche die Übernahme-
sowie die Verarbeitungszeit berücksichtigt, nur zwischen
einem Sender und einem Empfänger möglich. Die Hinzunahme ei-

nes weiteren Signals (RFD), das die Bereitschaft zur Daten-
übernahme signalisiert, erlaubt eine Quittierung mit Berücksichtigung der Verarbeitungszeit zwischen einem Sender und
mehreren Empfängern. Beim Bedienen mehrerer Empfänger können
jedoch nicht erkennbare Fehlerzustände auftreten. Ein fehlendes Quittierungssignal eines Empfängers ist nicht festzustellen, da die Quittierungssignale der einzelnen Empfänger
über „ODER-Funktionen" erzeugt werden. Aufgrund der höheren
Sicherheit muß deswegen für das Übertragungssystem DÜVE ein
Zwei-Leiter-Quittierungsverfahren gewählt werden.

## Synchronisierverfahren bei der Seriellübertragung

Bild 4/13 zeigt Synchronisierverfahren bei seriellen Übertragungssystemen. Die synchrone Bitsynchronisierung synchronisiert jedes einzelne Bit durch einen Übernahmetakt, der auf
einer separaten Leitung bzw. moduliert mit dem Datum übertragen wird. Das Verfahren eignet sich für eine schnelle
Übertragung von langen Nachrichtenblöcken. Im asynchronen
Fall werden Start- und Stopbits gesendet, die Anfang und
Ende eines Wortes kennzeichnen. Dazwischen synchronisiert
der Empfänger die ankommenden Bits mit seinem internen Takt.

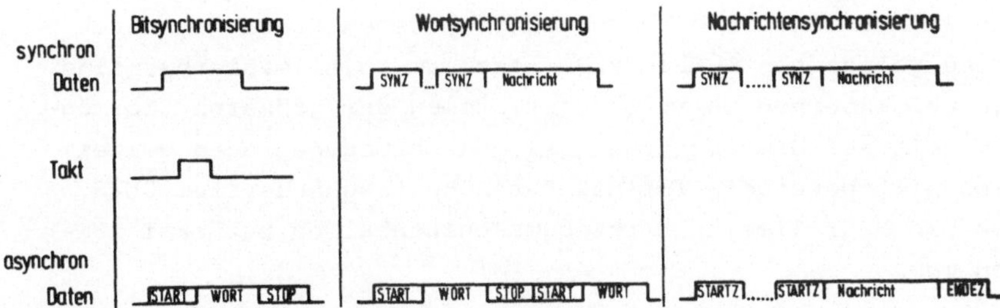


Bild 4/13: Synchronisierverfahren bei der Seriellübertragung

Da Sende- und Empfangstakt nicht synchronisiert sind, weichen die Takte bei zu langen Worten voneinander ab, so daß
Fehler entstehen. Dadurch ist dieses Verfahren nur für eine
langsame Datenübertragung mit begrenzter Wortlänge geeignet.

Bei der Wortsynchronisierung werden im synchronen Modus am
Beginn jeder Nachricht sowie nach bestimmten Zeitabschnitten
einige Synchronisierzeichen mit speziellen Bitmustern gesendet. Diese erkennt der Empfänger und kann damit ständig die
richtige Synchronisierung herstellen und überprüfen.
Die Nachrichten-Synchronisierung erfolgt im Synchronbetrieb
über Synchronisier- sowie Start- und Endezeichen. Der Asyn-
chronbetrieb verwendet dagegen nur spezielle Start- und
Endezeichen, die den Beginn und das Ende der Übertragung anzeigen.

Während bei der Synchronübertragung sehr hohe Datenraten
über längere Entfernungen erreichbar sind, ermöglichen asynchrone Übertragungsverfahren niedrigere Geschwindigkeiten
bei geringerem Aufwand. Aufgrund des geringeren Aufwandes
und der besseren Fehlererkennung ist bei den nicht allzu
hohen Datenraten zwischen Datenverteilebene und Steuerdatenverarbeitungsebene die asynchrone Nachrichtensynchronisierung und wegen der langen Datenblöcke  (vgl. Kap. 3.3.2)
die synchrone Bit- und Wortsynchronisierung sinnvoll.

## 4.2.6 Übertragungssicherung

Während bei internen Übertragungssystemen Störungen durch
einen geeigneten Aufbau z.B. Abschirmung, eliminierbar sind,
muß bei externen Übertragungssystemen der größeren Störmög-
lichkeit auf dem Übertragungsweg Rechnung getragen werden.
Dies gilt besonders für das Datenübertragungssystem DÜVS,
das ein Störklima in Werkzeugmaschinenhallen berücksichtigen muß.

Die Sicherung einer binär dargestellten Information ist neben
einem störsicheren Aufbau durch die Verwendung von redundanten
Codeworten möglich. Sie bestehen aus m Nachrichtenstellen und y
Kontrollstellen, die in der Regel beim Sender nach einem festen
Algorithmus aus den Nachrichtenstellen gewonnen werden. Somit

gibt es insgesamt $2^{m+y}$ verschiedene Kombinationen, von denen
nur $2^m$ als gültige Codeworte verwendet werden. Da beim Empfänger der Code bekannt ist, besteht die Möglichkeit, alle
die Übertragungsfehler zu erkennen, die das gesendete Codewort in eine nicht verwendete Kombination verfälschen. Haupt-
problem bei der Codierung ist, einen geeigneten Algorithmus
für das Erzeugen der y Kontrollstellen aus den m Nachrichtenstellen zu finden, derart, daß die größtmögliche Sicherung
gegen Übertragungsfehler eintritt.

Aufgrund einer einfachen Realisierung haben zur Sicherung
gegen Fehler bei Datenübertragungssystemen im wesentlichen
drei Codierungsverfahren - Parität, geometrischer Code und
zyklischer Code - praktische Bedeutung erlangt.

<u>Parität</u>

Bei der Parität wird der Nutzinformation ein zusätzliches
Bit hinzugefügt, dessen Wert sich aus der Quersumme der
Informationsbits errechnet. Das Verfahren erlaubt das sichere
Erkennen eines Fehlers und eignet sich besonders für wort-
weise Datensicherung.

Das Absichern von größeren Datenblöcken, wie sie über das
Datenübertragungssystem DÜVS transferiert werden, fordert
den Einsatz eines geometrischen oder zyklischen Codes, da
damit mehr Fehler erkennbar sind.

<u>Geometrischer Code</u>

Zum Absichern eines Datenblockes, der aus mehreren Worten
besteht, bildet der Sender z.B. die Parität aus den Bits
innerhalb eines Wortes für jedes Wort (Zeilenparität). Am
Ende der Nachricht wird zusätzlich die Parität aus den Bitstellen gleicher Wertigkeit aller vorausgesendeten Worte erzeugt (Spaltenparität). Eine einfache Realisierung dieses
Verfahrens erhält man bei parallelen Übertragungsstrecken.
Die Zeilenparität läßt sich zum Beispiel einfach über einen

Rechnerbefehl und die Spaltenparität über eine einfache Hard-
wareschaltung erzeugen.

## Zyklischer Code

Der Algorithmus für das Erzeugen der y Kontrollstellen eines
zyklischen Codes läßt sich mit der Theorie der algebraischen
Gruppen herleiten /24,25/. Daraus folgt, daß ein zyklischer
Code durch ein sogenanntes Generatorwort bzw. Generatorpolynom vollständig definiert ist.

Um von einem gegebenen Nutzwort mit m-Nachrichtenstellen auf
ein Codewort zu kommen, wird das um y Stellen nach links
verschobene Nutzwort durch das Generatorwort dividiert
(Bild 4/14).

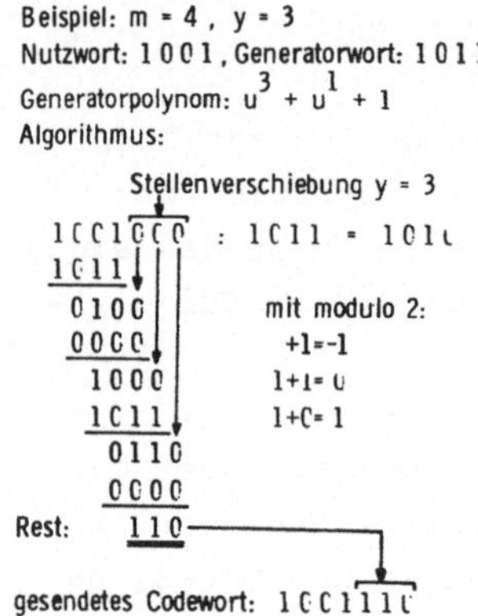


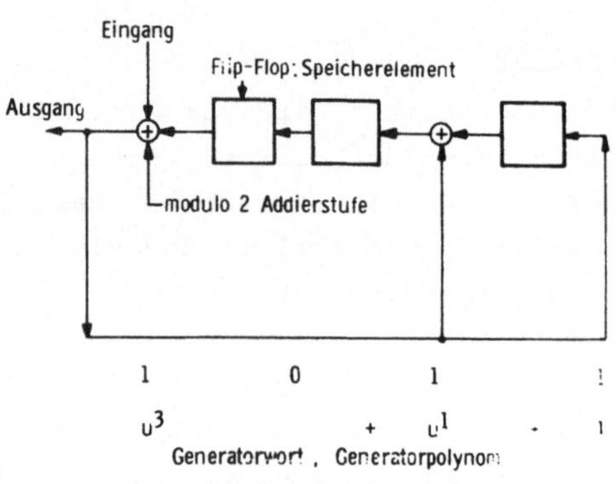



Algorithmus zum Erzeugen der
y Kontrollstellen aus den
m Nachrichtenstellen


Codierschaltung eines zyklischen Codes

Diese Division liefert die Kontrollstellen in Form eines
y-stelligen Restes, der zum verlängerten Nutzwort addiert
wird. Empfangsseitig wird die Division wiederholt, entsteht
kein Rest, wird das Zeichen als richtig angenommen. Ist der
Rest ungleich Null, kann ein Fehler erkannt werden.
Diese Division, d.h. die Codierung und Decodierung der

Codeworte ergibt sich auf einfache Weise mit Hilfe seriell
arbeitender rückgekoppelter Schieberegister, deren Speicher-
elemente und Rückkopplungen durch das Generatorwort vollständig bestimmt sind (Bild 4/15). Damit verursacht dieses Verfahren für die Sicherung des bitseriellen Übertragungssystems DÜVS einen sehr geringen Aufwand.

## 4.2.7 Signaldarstellung

Für binäre Informationen, wie sie über die Systeme DÜVE und
DÜVS übertragen werden müssen, sind verschiedene Bit-Darstel-
lungen gebräuchlich, die sich in der Übertragungsbandbreite,
der Synchronisierung, der Gleichstromfreiheit und im Aufwand
unterscheiden /26/ (Bild 4/16).

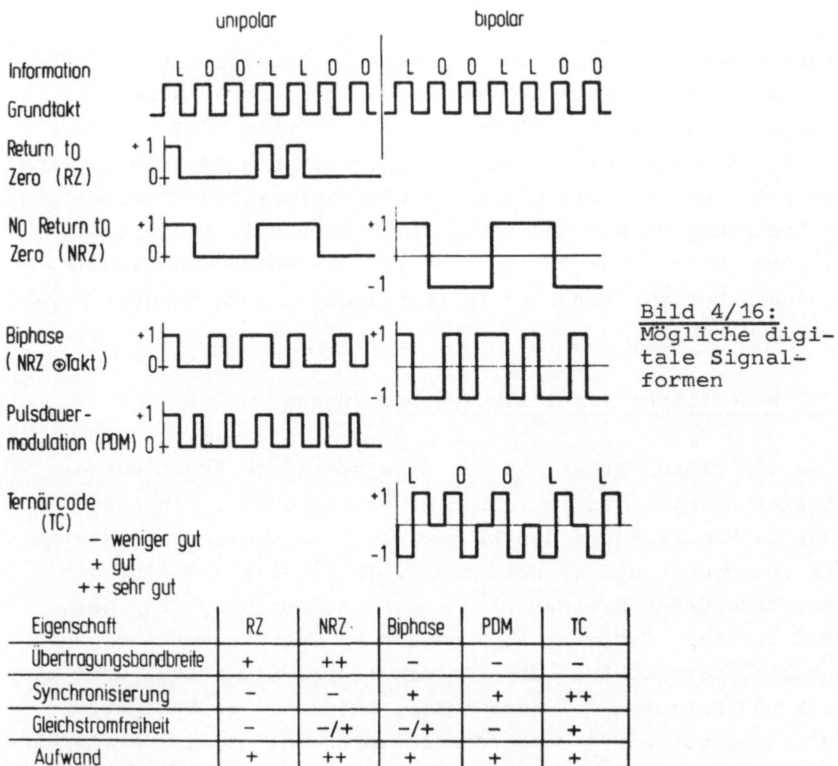


Bild 4/16:
Mögliche digi-
tale Signal-
formen

| Eigenschaft | RZ | NRZ | Biphase | PDM | TC |
|---|---|---|---|---|---|
| Übertragungsbandbreite | + | ++ | − | − | − |
| Synchronisierung | − | − | + | + | ++ |
| Gleichstromfreiheit | − | −/+ | −/+ | − | + |
| Aufwand | + | ++ | + | + | + |

Aufgrund der häufigen Signalsprünge ist beim RZ, Biphase-, TC- und PDM-Signal gegenüber dem NRZ-Signal eine geringere Übertragungsbandbreite erzielbar.

Das RZ-und NRZ-Signal benötigt zur Synchronisierung einen zusätzlichen separaten Takt, während die restlichen Bitdarstellungen im Bild 4/16 den Takt im Signal selbst enthalten und damit den Empfänger synchronisieren. Diese Verfahren sind aufgrund der nicht notwendigen Taktleitung besonders für längere Übertragungsstrecken geeignet.
Im Gegensatz zu den unipolaren Signaldarstellungen besitzen die bipolaren Signale einen geringeren Gleichstromanteil. Dies ist für die Leitungsankopplung mittels Übertrager günstig. RZ-und NRZ-Signale verursachen bei der Parallelübertragung und bei kurzen Entfernungen einen geringen Aufwand für Signaldarstellung und Synchronisierung.
Aufgrund der preisgünstigen Treiberschaltkreise ist für DÜVE die unipolare galvanisch gekoppelte Signalübertragung mit RZ-Signalen sinnvoll. Beim externen Bussystem DÜVS benötigt der dargestellte Ternärcode den einfachsten Aufwand bezüglich Synchronisierung. Aufgrund der stets zweiwertigen Darstellung von logischer "EINS" und "NULL" sind auch über längere Entfernungen keine gesonderten Synchronisierzeichen notwendig. Er kann daher zur Bit- und Wortsynchronisierung benutzt werden.

## 4.2.8 Wesentliche Parallelbusentwicklungen

Im Rahmen dieser Arbeit wurden Bussysteme von Prozeßautomatisierungssystemen sowie einige Prozeßrechner-Ein/Ausgabebusse im Hinblick auf den Einsatz für das Übertragungssystem DÜVE untersucht und klassifiziert. In Tabelle 4/2 sind die Bussysteme CAMAC Dataway /27/ und Branch Highway /28/ des CAMAC Systems (Computer Application to Measurement And Control), der IEC-Bus /22/ (International Electrical Committee), der MUDAS Dataway /29/ (modulares, universelles Datenerfaß- und Steuersystem für erhöhte Anforderungen)  sowie der im Rah-

men dieser Arbeit definierte MPST-Bus (siehe Kap. 5) dargestellt. Das CAMAC System wurde speziell als Peripheriesystem
für Prozeßrechner konzipiert, die direkt relativ einfache Ein/
Ausgabekomponenten ansteuern. Es ist streng hierarchisch mit
zwei Steuerwerksebenen gegliedert.

| Bezeichnung | CAMAC Branch Highway | CAMAC-Dataway | MUDAS-Dataway | IEC-Bus | MPST-Bus |
|---|---|---|---|---|---|
| Firma/Gremium | ESONE-Committee | ESONE-Committee | Dornier | IEC | Hochschule/Firmen |
| Datenrate | ... $10^6$ Worte/s | $10^6$ Worte/s | ... $10^5$ Worte/s | ... $10^6$ Byte/s | ... $10^6$ Worte/s |
| Entfernung | ... 30 m | ... 0,5m | ... 30m | ... 20m | ... 5m |
| Anzahl der Tln. | 7 | 23 | 32 | ca 15 | 32 |
| Gesamtleitungszahl | 58 | 110 | 57 | 16 | 49 |
| Technologie | TTL | TTL | CMOS | TTL | TTL |
| Datenweg | 24 bit ; BL, BD | 2x24 bit ; BL, UD | 16 bit ; BL, BD | 8 bit ; BL, BD | 16 bit ; BL, BD |
| Adressweg | 7 bit ; SL, UD<br>9 bit ; BL, UD | 23 bit ; SL, UD<br>4 bit ; BL, UD | 32 bit ; SL, UD | Adressierung über Datenweg | 16 bit ; BL, BD |
| Kontrollweg | | | | | |
| Steuer-u. Statussignale | 3 BL | 5 BL | 2 BL | 4 BL | 12 BL |
| Befehlssignale | 5 BL | 5 BL | 4 BL | — | — |
| Synchronisierleitungen | 1 BL, 7 SL | 2 BL | 2 BL | 3 BL | 2 BL |
| Alarmsignale | 2 BL | 23 SL | 1 BL, 1 GL | 1 BL | 2 BL, 1 GL |
| Alarmbehandlung | Parallelabfrage | Abfrage des Statuswortes | geometrische Priorität | serielle Abfrage der Teilnehmer | geometrische Priorität |
| Datenkanalaufteilung | Wortmultiplex | Wortmultiplex | Wortmultiplex | Blockmultiplex | Wortmultiplex |
| Synchronisierung | Zweileiter-quittierung | Zwei starre Takte | Zweileiter-quittierung | Dreileiter-quittierung | Zweileiter-quittierung |
| Organisationsform | hierarchisch gegliedertes Steuersystem mit 1. und 2. Steuerwerksebene | | hierarchisch | dezentral | dezentral |
| direkter Datenaustausch zwsch. den Teilnehmern | nein | nein | nein | ja | ja |

GL : Geschleifte Leitung  BL : Busleitung  SL : Stichleitung  BD : Bidirektional  UD : Unidirektional

<u>Tabelle 4/2:</u> Kennzeichen einiger Parallelbussysteme

Jeder Datenaustausch muß stets über das Zentralsteuerwerk
abgewickelt werden. Direkter Datenaustausch zwischen Teilnehmern, wie er innerhalb der Steuerdatenverarbeitungsebene
stattfindet, ist nicht realisierbar. Über Stichleitungssy-
steme werden die Teilnehmer adressiert und die Alarme abgesetzt. Die Breite der Datenwege, ein synchrones Synchronisierverfahren und die TTL-Technologie ermöglichen einen zentral
gesteuerten umfangreichen Datendurchsatz zu Lasten einer hohen
Grundausrüstung an Magazinen, Steckern, Busleitungen und
Schnittstellenelektronik.

Der IEC-Bus wurde als Normschnittstelle für den Zusammen-
schluß mehrerer Meßgeräte entwickelt, die nicht näher spe-
zifiziert sind. Generell ist Datenaustausch direkt zwischen

den Teilnehmern möglich. Der byteserielle/bitparallele
Bus bringt wegen der sequentiellen Daten- und Adreßübertragung Leitungsersparnis bei einer geringeren Zeichenrate.
Ein asynchrones Dreileiterquittierungsverfahren synchronisiert den Datenaustausch zwischen einem Sender und einem
bzw. mehreren Empfängern. Dieses Quittierungsverfahren bedingt jedoch durch Verknüpfung aller möglichen Zustände ein
Ablaufsteuerwerk und erhöht den Schnittstellenaufwand. Die
vollkommene Trennung von Gerät und Bussteuerlogik erfordert
ein aufwendiges, nur mit niederintegrierten Schaltkreisen
aufzubauendes Schnittstellensteuerwerk. Die byteserielle
Übergabeschnittstelle zwischen Bus- und Geräteteil führt bei
Verwendung von Mikroprozessoren zu äußerst langsamen Übertragungsraten. Beim Übertragen von Datenblöcken, wie sie in der
Steuerdatenverarbeitungsebene ausgetauscht werden, sind die
Adressen nur programmgesteuert ausgebbar. Damit ist keine
Direktadressierung durch den Mikroprozessor möglich.

Der MUDAS-Bus ist für ein hierarchisches System mit einem
Zentralsteuerwerk, das alle Datenverarbeitungsfunktionen
durchführt und einfachen Teilnehmern z.B. E/A-Karten, u.ä.
ausgelegt. Er ist für den Einsatz in der Luftfahrt entwickelt
und erfüllt die MIL-Spezifikationen*bezüglich mechanischem
Aufbau und Bauelementen, die für den industriellen Bereich
zu überdimensionierten und überteuerten Lösungen führen.
Die Direktadressierung von Subteilnehmern und ein direkter
Datenaustausch zwischen den Teilnehmern ist nicht möglich.

Neben diesen Bussystemen innerhalb der Prozeßinstrumentie-
rungssysteme wurden einige Prozeßrechner Ein-/Ausgabebus-
systeme untersucht. Die einzelnen Lösungen weichen in der
Adressierung, den Steuerleitungen und den Alarmsystemen von
Hersteller zu Hersteller stark voneinander ab. Eine dezentrale Organisationsform und direkter Datenaustausch (s.o.)
ist nicht möglich. Einige Systeme erlauben durch ein Periphe-
riegerät direkten Speicherzugriff bei dem Zentralsteuerwerk.
* MIL: Military

Alle Systeme sind auf die speziellen Bedürfnisse ausgelegt
und für eine parallele allgemeine Schnittstelle innerhalb
eines umfassenden Steuersystems für die Fertigungstechnik,
welche die in Kap. 3 beschriebenen Anforderungen erfüllt,
nicht geeignet. Die Struktur und die Arbeitsweise von Mikroprozessoren findet bei allen betrachteten Systemen keine
optimale Berücksichtigung. Dies führt zu höherem Anpassungsaufwand der Steuerelektronik für die entsprechenden Schnittstellen. Für die Kopplung der Teilnehmer der Steuerdatenverarbeitungsebene sollte deshalb eine allgemeingültige Schnittstelle angestrebt werden, die angelehnt an die Struktur der
Halbleiterelemente direkten Datenaustausch zwischen einzelnen
Teilnehmern und eine Direktadressierung von Subteilnehmern
erlaubt.

## 4.2.9 Wesentliche Seriellbusentwicklungen

Tab. 4/3 zeigt kennzeichnende Merkmale einiger wesentlicher
Seriellbusentwicklungen sowie den im Rahmen dieser Arbeit
konzipierten Bus „ISW-Seriellbus" (s. Abschnitt 6).

Dem CAMAC Serial Highway /30/, der 1973 definiert wurde,
liegt ein hierarchisches System, mit einer zentralen Steuerstation und mehreren untergeordneten Unterstationen zugrunde.
Zwei durch alle Stationen geschleifte Ringleitungen für Takt
und Informationen verbinden über Zwischenverstärker die einzelnen Stationen. Die Informationsstruktur ist angelehnt
an die Daten-, Adreß- und Befehlsformate des CAMAC-Dataway
(s. Tab. 4/2) und ermöglicht dadurch, z.B. von einem übergeordneten Prozeßrechner, das direkte Ansprechen eines Moduls.
Durch die getrennte Wort- und Nachrichtensynchronisierung
sowie die Blocksicherung über Zeilen- und Spaltenparität
stehen innerhalb des 10 bit Rahmens nur sechs bit für die eigent
liche Information zur Verfügung. Dies ergibt für das Übertragen von 24 Nutzbit einschließlich Adressierung und
Quittierung über ein Nachrichten-Antwortenverfahren, 120

zu übertragende Bits. Codetransparente Zeichen können nur
über eine Umcodierung in jeder Station und größere Blöcke
durch den verwendeten festen Blockmultiplexbetrieb nur sequentiell übertragen werden. Die geschleiften Leitungen lassen das völlig asynchrone Absetzen eines Alarms zu, indem
eine nachfolgende Nachricht in der alarmauslösenden Unterstation solange zwischengespeichert wird, bis die spontane
Meldung ausgesendet ist.

| Bezeichnung | CAMAC Serial Highway | PDV - Bus | ISW- Seriellbus |
|---|---|---|---|
| Struktur | hierarchisch | hierarchisch | hierarchisch |
| Datenrate | ~ 5MHz | ~ 200 kHz | ~ 200 kHz |
| Entfernung | einige 100 m | ...2 km | ...2 km |
| Teilnehmer | 62 | 252 | 128 |
| Leitungsart | 2 Ringl. (Nachr. + Takt) | 2 Ringl. (Nachr + Antw. ) | 1 offene Ltg. für Nachr. +Antw. |
| Technologie | symm. Übertragung | Transformator | Transformator |
| Datenkanalaufteilung | starrer Blockmultiplexbetr. | variabler Blockmultiplexbetr. | variabler Blockmultiplexbetr. |
| Nachrichtenformat | | | |
|    Steuern | 5 byte | 3 byte | 4 byte |
|    Lesen | 5 byte | 3 byte , 6 byte | 4... 8 byte |
|    Schreiben | 9 byte | $3 + i \times 3$ byte | $4 + i$ byte |
| Antwortformat | | | |
|    Steuern | 3 byte | 3 byte | 3 byte |
|    Lesen | 7 byte | $3 + i \times 3$ byte | $3 + i$ byte |
|    Schreiben | 3 byte | 3 byte | 3 byte |
|    Alarm | 3 byte | n bit | 1 byte |
| Datenformat | 24 bit | $16$ bit ... $i \times 16$ bit | byte ... $i \times$ byte |
| Adressenformat | 6 bit Geräteadresse | 8 bit Geräteadresse | 7 bit Geräteadresse |
| | 4 bit Subadresse | 8 bit Blocklänge | 4 bit Tln. - Adresse |
| | 5 bit Moduladresse | 8 bit Subadresse (Anfangs-) | 12 bit Subadresse |
| Befehlsformat | 5 bit | 8 bit | 8 bit |
| Übertragungssicher. | geom. Code | zykl. Code, $y=8$ | zykl. Code, $m=8...2^{15}$ , $y=16$ |
| Alarmanforderung | asynchrones Einfügen mit Geräteadresse | Absetzen eines Bit in einen Rahmen | zyklisches Abfragen |
| Alarmidentifizierung | siehe Alarmanforderung | Statusabfrage | Statusabfrage |
| Bitsynchronisation | separater Takt | Biphase-Code | Ternär-Code |
| Wort. synchr. | Start/Stop-Bit | SYN-Zeichen | Ternär-Code |
| Nachrichtensynchr. | def. Bit im Byte | SYN-Zeichen | Pause |
| Effizienz EZ (B) | $EZ_{CSH} = \dfrac{B}{\left[\frac{B}{24}\right]_{Entier} \cdot 120}$ | $EZ_{PDV} = \dfrac{B}{64 + \left[\frac{B}{16}\right]_{Entier} \cdot 24}$ | $EZ_{ISW} = \dfrac{B}{80 + \left[\frac{B}{8}\right]_{Entier} \cdot 8}$ |

B= Anzahl der bit     $EZ = \text{Effizienz} = \dfrac{\text{Nutzdatenbits}}{\text{Übertragene Bits}}$

Tabelle 4/3: Kennzeichen einiger Seriellbussysteme

Der PDV(Prozeßdatenverarbeitung)-Bus /31/ verwendet zur Übertragung von Nachrichten und Antworten jeweils eine Ringleitung,
die im Bereich von 2 km ohne Zwischenverstärker betrieben
wird. Der Datenaustausch erfolgt zeichen- oder blockweise in

16-bit-Worten zwischen einer Systemsteuerstation und nicht
näher spezifizierten Unterstationen. Ein zyklischer Code, der
ein 16-bit-Wort mit 1byte absichert, sowie ein Synchronisierzeichen vor jeder Nachricht ermöglichen eine codetransparente
Übertragung. Über die Antwortleitung kann während der Nachrichtenübermittlung ein Alarm durch Einfügen eines Bits in
einen vorgegebenen Rahmen abgesetzt werden.

Der CAMAC Serial Highway ist auf das CAMAC-Komponentensystem
(s. Tab. 4/2) abgestimmt. Entsprechend dem bitparallelen
CAMAC-Dataway sind bei begrenzter Entfernung zu Lasten einer
kostengünstigeren Realisierung hohe Übertragungsgeschwindig-
keiten und sehr schnelle Reaktionszeiten erzielbar, die z.B.
in der Kernphysik gefordert sind. Die niedrige Effizienz,
die breiten Datenformate, die aufwendigen Synchronisierverfahren, die erforderlichen Zwischenverstärker und die notwendigen Umcodierungen bei codetransparenter Übertragung,
die besonders für das Rückübertragen von Betriebsdaten erforderlich sind, erschweren eine wirtschaftliche Realisierung
eines Übertragungssystems für den in Kap. 3.3.2 beschriebenen Datenaustausch.

Der PDV-Bus ermöglicht eine codetransparente Übertragung bei
variabler Blocklänge über längere Strecken ohne Zwischenverstärker. Der PDV-Bus ist besonders für die Anlagentechnik
mit hohen Echtzeitanforderungen geeignet. Eine kostengünstige
Realisierung ohne hohes Echtzeitverhalten  wie sie hier beim
Übertragungssystem DÜVS gefordert ist, ist nicht mehr gegeben.
Die Sicherung eines 16-bit-Datenwortes durch je ein Siche-
rungsbyte ergibt hier eine hohe Redundanz. Zum PDV-Bus ist kein
Subsystem, sondern es sind lediglich für ein modulares System
nicht optimale Blockübertragungsprozeduren definiert worden.

Ein zugeschnittenes Übertragungssystem das für den blockweisen Datenaustausch ohne hohem Echtzeitverhalten zwischen
Steuerdatenverteilebene und Steuerdatenverarbeitungsebene

geeignet ist, soll eine wirtschaftliche Lösung ermöglichen.
Eine an das Störklima von Werkzeugmaschinenhallen sowie an
den blockweisen Datenaustausch angepaßte Übertragungssicherung und ein für den modularen Systemaufbau der Steuersysteme
optimierter Aufbau der Nachrichten und Antworten ist anzu-
streben.

# 5  Entwicklung eines parallelen Bussystems zur Kopplung von Teilnehmern der Steuerdatenverarbeitungs- und Stellebene (MPST-BUS)

## 5.1 Systemkonfigurationen und Teilnehmertypen

Entsprechend den Fertigungsaufgaben (vgl. Kap. 3) müssen durch Kopplung der Teilnehmer der Steuerdatenverarbeitungs- und Stellebene verschiedene Systeme zu konfigurieren und nach Art und Umfang an die Aufgabe anzupassen sein. Der Teilbetrieb und damit der isolierte Aufbau funktionsmäßig abgeschlossener Teilnehmer, z.B. für die Betriebsdatenerfassung oder für eine programmierbare Steuerung, führt zur Reduzierung der Teilnehmervielfalt und zu Vorteilen in der getrennten Entwicklung sowie im separaten Test und bei der Inbetriebnahme. Die Verwirklichung komplexer Steuersysteme mit geometrischer und technologischer Informationsverarbeitung sowie umfangreicher numerischer Daten-Ein/Ausgabe, Datenverteilung und Optimierfunktionen sollte aus diesen Teilsystemen, ohne die Software für den Teilbetrieb ändern zu müssen, möglich sein. Eine einfache Handhabung erfordert Teilnehmer, die möglichst ohne Sonderleitungen über das interne Bussystem DÜVE Daten austauschen.

## Systemkonfigurationen

Bild 5/1 zeigt als Beispiel eine Konfiguration, die diese Forderungen erfüllt /32/.
Die übergeordneten informationsverarbeitenden Funktionen der Steuerdatenverarbeitungsebene (vgl. Kap. 3) und das für die Gesamtsystemverwaltung notwendige Zentralsteuerwerk können mit den Mikroprozessoren auf einheitlichen Karten als je ein Teilnehmer verwirklicht werden.
Diese ermöglichen die Anpassung an die jeweilige Steuerfunktion wie geometrische und technologische Informationsverarbeitung nach Art und Umfang durch Programmierung. Weitere Teilnehmer realisieren untergeordnete gleichartige Funktionen, z.B. in der Stellebene achsspezifische Regelungen,

Ein/Ausgabeanpassungen u.ä.. Eine Anpassung, z.B. bezüglich
Zahl der zu steuernden Achsen, erfolgt hier durch die Anzahl der verwendeten Teilnehmer.
Das einfache Zusammenfügen von Teilsystemen zu einer komplexen Steuerung (s.o.) setzt eine dezentrale Organisationsform
voraus, die direkten Datenaustausch zwischen übergeordneten
Teilnehmern und den zugehörigen untergeordneten Teilnehmern,
wie im Teilbetrieb erlaubt.

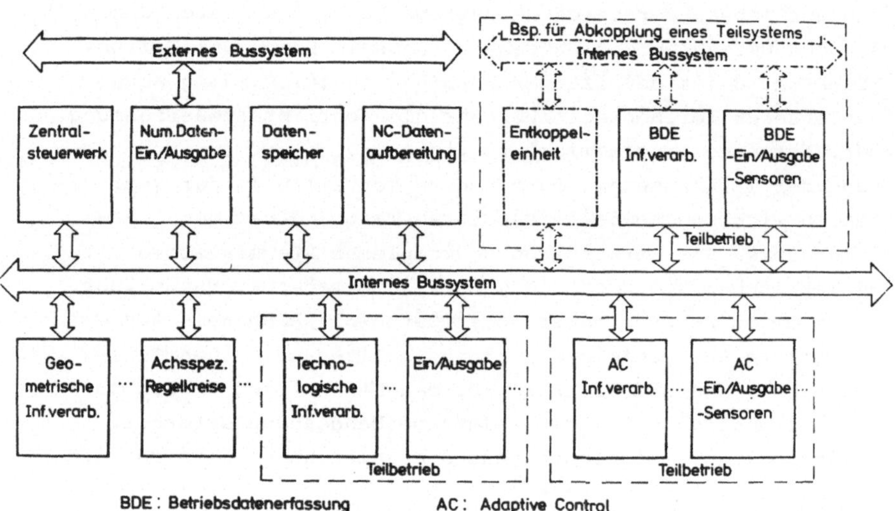


<u>Bild 5/1:</u> Beispiel einer Systemkonfiguration der Teilnehmer
der Steuerdatenverarbeitungs- und Stellebene

Für komplexe Systeme, die z.B. durch viele zu steuernde Achsen oder durch spezielle Sonderfunktionen die Reaktionszeiten
und den Umfang des in Kap. 3 analysierten Datenaustausches
wesentlich übersteigen, kann der Datenfluß durch Abkopplung
des Datenflusses innerhalb von Teilsystemen reduziert werden
(vgl. Bild 5/1). Um den höchsten Grad an Standardisierung zu
erreichen, müssen die Teilnehmer mit derselben Schnittstelle
sowohl im Teilsystem als auch in der integrierten Lösung
aufgebaut sein.

## Teilnehmertypen

Bezüglich der geforderten Übertragungsfunktionen lassen
sich die Teilnehmer der Steuerdatenverarbeitungs- und Stellebene entsprechend der funktionalen Gliederung und den Anforderungen (vgl. Kap. 3.2.2) in passive und aktive Teilnehmer einteilen (Bild 5/2).

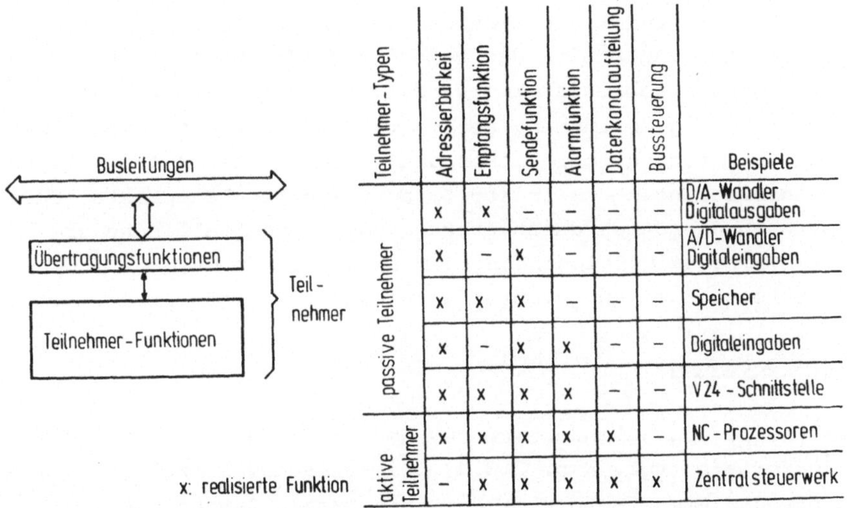



| Teilnehmer-Typen | | Adressierbarkeit | Empfangsfunktion | Sendefunktion | Alarmfunktion | Datenkanalaufteilung | Bussteuerung | Beispiele |
|---|---|---|---|---|---|---|---|---|
| passive Teilnehmer | | x | x | – | – | – | – | D/A-Wandler Digitalausgaben |
| | | x | – | x | – | – | – | A/D-Wandler Digitaleingaben |
| | | x | x | x | – | – | – | Speicher |
| | | x | – | x | x | – | – | Digitaleingaben |
| | | x | x | x | x | – | – | V24 - Schnittstelle |
| aktive Teilnehmer | | x | x | x | x | x | – | NC - Prozessoren |
| | | – | x | x | x | x | x | Zentralsteuerwerk |

<u>Bild 5/2:</u> Teilnehmertypen der Steuerdatenverarbeitungs-
und Stellebene

Passiven Teilnehmern kann der Bus nicht zugeteilt werden.
Sie können keine anderen Teilnehmer adressieren, sondern nur
von aktiven Teilnehmern adressiert werden. Sie werden aus
den oben genannten Gründen der einfachen Integration von
Teilsystemen stets von übergeordneten aktiven Teilnehmern
verwaltet, d.h. gelesen bzw. beschrieben.
Kennzeichnend für die aktiven Teilnehmer ist, daß sie nach
Buszuteilung durch das Zentralsteuerwerk andere Teilnehmer
adressieren und mit diesen Daten austauschen können, indem
sie selbständig den Datenkanal steuern (vgl. Kap. 4.2.3).
Der aktive Teilnehmer,der die Bussteuerung realisiert (vgl.
Kap. 4.2.4),ist das Zentralsteuerwerk im System. Es verwaltet prioritätsgerecht den Datenkanal und teilt ihn gegebenenfalls einem aktiven Teilnehmer zu.

## 5.2 Ermittlung der Kennzeichen und der Struktur des Bussystems

Ziel ist es, ein standardisierbares Bussystem zu entwickeln,
das die dargestellten Systemkonfigurationen durch Kopplung
von aktiven und passiven Teilnehmern und damit den Aufbau von
Einprozessor- und Mehrprozessorsystemen erlaubt.
Die Struktur und Breite des Daten- und Adreßweges, ein
asynchrones Synchronisierverfahren, ein optimales Alarmsystem bei wenig Leitungen, geeignete Bussteuerleitungen, günstige Übertragungsoperationen und ein optimaler Aufbau sollen
die Anforderungen des in Kap. 3 analysierten Datenaustausches
innerhalb der Steuerdatenverarbeitungs- und Stellebene erfüllen. Die Berücksichtigung der Struktur der Halbleiterbauelemente soll einen geringen Koppelaufwand ermöglichen.

### 5.2.1 Datenweg

Die Breite des Datenweges muß das Übertragen der verschiedenen
Datenformate (vgl. Kap. 3.3.1), die zwischen Einzelbits, z.B.
Geber- und Grenztasterabfragen, und ganzen Datenfeldern
liegen, erlauben.
Bei den Halbleiterbauelementen hat sich der 8-bit Mikroprozessor bereits als Standard eingeführt. Daneben stehen zunehmend 16-bit Mikroprozessoren zur Verfügung, die größere
Leistungsfähigkeit aufweisen  und für das Realisieren der
informationsverarbeitenden Funktionen besonders geeignet sind.
Dies führte zur Wahl eines 16-bit breiten Datenbus. Damit
können in absehbarer Zukunft weitgehend alle Anwendungsfälle
und Realisierungsmöglichkeiten von Steuersystemen (vgl. Kap.2)
berücksichtigt werden.
Der Informationsaustausch zwischen aktiven sowie zwischen
aktiven und passiven Teilnehmern beschränkt sich vorwiegend
auf Lese- und Schreiboperationen (vgl. Kap. 3.3.1), z.B. die
Übergabe von NC-Steuerdaten, Soll- und Istwerten. Eine parallel
zum Datenbus erfolgende Befehlsübertragung ist deshalb nicht notwendig. Sie würde bei den Mikroprozessoren, die Befehle nur
über den internen Mikroprozessordatenbus übertragen können,

zudem einen erheblichen Zusatzaufwand an der Schnittstelle
erfordern. Befehle werden deshalb generell über den Datenbus
übertragen.

## 5.2.2 Adreßweg

Teilnehmer wie der NC-Programmspeicher bzw. die aktiven
Teilnehmer, besitzen einen großen Subadreßbereich (adressierbare Zellen), der über das Bussystem adressiert werden
muß. Der Datenaustausch zwischen einzelnen NC-Prozessoren
erfolgt sinnvollerweise über direkt adressierbare Übergabe-
Speicher, die eine effektive Speicherkoppelung mit wenig
Hard- und Softwareaufwand ermöglichen /3/. Hierzu muß zusätzlich zur Teilnehmeradresse eine breite Subadresse übertragen
werden.

Eine programmgesteuerte, sequentielle Übertragung der Daten
und Adressen führt wegen der begrenzten Leistungsfähigkeit der
Mikroprozessoren zu langsamen Datenraten, die wegen den geforderten Reaktionszeiten den Ausbau des Systems sehr schnell
einengen. Sie verursacht außerdem einen hohen Aufwand an
Zwischenspeichern und Schnittstellenelektronik. Deswegen ist
eine parallel zur Datenübermittlung getrennte Adreßübertragung der Teilnehmeradresse und der Subadresse direkt über
den internen Mikroprozessoradreßbus notwendig. Damit kann bei
geringem Schnittstellenaufwand mit den Zykluszeiten der Mikroprozessoren übertragen werden.
Die in Kap. 4.2.3 analysierten Adressierungsverfahren führen
zur indirekten Adressierung. Da über den Adreßbus während des
NC-Betriebs nur variable Daten zu adressieren sind, ermöglicht
ein 16-bit Adreßbus eine praktisch beliebige Integration weiterer Teilnehmer. Außerdem weisen alle derzeitigen und zukünf-
tig zu erwartenden Mikroprozessoren mindestens 16 vom Datenbus
separate Adreßbits auf. Die Aufteilung des Adreßwortes zeigt
Bild 5/3. Um die Softwareerstellung nicht zu komplizieren, ist
den einzelnen Teilnehmern ein fortlaufender Adreßbereich zugeordnet. Die oberen Bitstellen ($2^{12}...2^{15}$) des Adreßwortes

adressieren den Teilnehmer (TA), die unteren Bitstellen
($2^0...2^{11}$) denSubteilnehmer (SUBA).

| $2^0$ $2^1$ $2^2$ $2^3$ $2^4$ $2^5$ $2^6$ $2^7$ $2^8$ $2^9$ $2^{10}$ $2^{11}$ | $2^{12}$ $2^{13}$ $2^{14}$ $2^{15}$ |
|---|---|
| SUBA | TA |

SUBA : Subadresse MPST-Bus     TA : Teilnehmeradresse MPST-Bus

Bild 5/3: Aufteilung des Adreßwortes


5.2.3 Betriebsart


Entsprechend dem analysierten Datenaustausch (vgl. Kap. 3.3.1)
muß die Betriebsart, die in Bild 5/4 dargestellten Übertragungsaufgaben, die einen Datenaustausch zwischen 2 Teilnehmern einleiten, ermöglichen.

| Information | ZST | aktiver Tln | passiver Tln |
|---|---|---|---|
| Busanforderung | ← | | |
| Prozeßanforderung | | ← | |
| Buszuteilung | → | | |

ZST : Zentralsteuerwerk     Tln : Teilnehmer

Bild 5/4: Übertragungsaufgaben der Betriebsart von DÜVE


Für die in unterschiedlichen Zeitabständen stattfindenden
Vorgänge sind die in Kap. 4.4.2 analysierten Alarmsysteme geeignet. Da eine Prozeßanforderung eine Bedienung durch einen
aktiven Teilnehmer und damit ebenfalls eine Buszuteilung erfordert, kann die Prozeßanforderung mit der Busanforderung
über ein gemeinsames Alarmsystem übertragen werden. Von den
in Kap. 4.2.4 analysierten Alarmsystemen erfüllen die Strukturen ASP III und ASP IV (vgl. Bild 4/11) die gestellten Anforderungen bezüglich Identifizierungsgeschwindigkeit, Erweiterbarkeit und Aufwand. Im Gegensatz zu Struktur ASP IV ist bei
ASP III auch ASP II bei gleichem Hardwareaufbau enthalten.

Aufgrund dieses zusätzlichen Freiheitsgrades in der Organisationsform wurde Struktur ASP III gewählt.

Voraussetzung für eine hohe Übertragungsleistung ist eine schnelle Prioritätsbildung und Buszuteilung an einen aktiven Teilnehmer. Am schnellsten ist dies rein hardwaremäßig (Prioritätsschaltwerk) mit Stichleitungen (vgl.Bild 4/10) vom Zentralsteuerwerk zu den aktiven Teilnehmern durchführbar. Dies fordert jedoch einen hohen Aufwand an Leitungen und weicht vom Busprinzip ab, so daß es für DÜVE nicht in Frage kommt. Hier reicht für die meisten Übertragungsfälle (vgl. die Reaktionszeiten in Tabelle 3/3) eine etwas langsamere Buszuteilung aus, indem nach der erfolgten Teilnehmeridentifikation ein Zuteilungswort über den Datenbus übertragen wird. Wesentlicher Vorteil dieses Verfahrens ist, daß das Zentralsteuerwerk über den Betriebszustand der aktiven Teilnehmer informiert ist und so eine prioritätsgerechte Buszuteilung und optimale Systemüberwachung /33/ durchführen kann. Das Einlesen des Vektors, dessen softwaremäßige Auswertung, die Prioritätsbildung und Buszuteilung durch einen im Zentralsteuerwerk eingesetzten Ein-Chip-Mikroprozessor (vgl. Kap. 4.1), kann bei vielen aktiven Teilnehmern und den damit entsprechend vielen softwaremäßigen Prioritätsebenen zu Reaktionszeiten führen, die bei dynamischen Regelkreisen im Bereich der geometrischen Informationsverarbeitung bereits Systemfehler verursachen können (vgl. Kap. 3.3.1). Deswegen können einzelne Teilnehmer über eine zweite Alarmsammelleitung hochpriore Alarme, die besonders zeitkritische Datentransfers ankündigen, absetzen. In diesem Fall wird kein Vektor eingelesen, sondern hardwaremäßig vom Zentralsteuerwerk über die Signale ENF und ACK der durch die geometrische Anordnung festgelegte höchstpriore Teilnehmer identifiziert und der Bus sofort ohne Organisationszeiten zugeteilt. Bei wenig Busleitungen wird dadurch eine zeitoptimale Zuteilung erreicht.

## 5.2.4 Synchronisierung des Datenaustausches

Obwohl die Analyse des Datenaustausches Datenverkehr zwischen
einem Sender und mehreren Empfängern aufzeigte, z.B. das
Starten von achsspezifischen Interpolatoren, wurde ein Zwei-
Leiter-Quittierungsverfahren (vgl. Bild 4/13, Kap. 4.2.5)
gewählt. Hier ist im Gegensatz zum Drei-Leiter-Quittierungs-
verfahren mit gleichzeitiger Datenübermittlung zu mehreren
Empfängern eine eindeutige Quittierung möglich und damit ein
nicht erfolgter Datenaustausch bzw. fehlender Teilnehmer oder
Fehler im Teilnehmer erkennbar.

## 5.2.5 Übertragungssicherung

Auf eine Absicherung des Daten- und Adreßbusses, zum Beispiel
durch Parität, wurde verzichtet. Zum einen lassen sich durch
geeigneten Aufbau und Abschirmung und durch Plausibilitäts-
kontrollen der Daten in den Mikroprozessoren Fehler aufgrund Störungen weitgehend vermeiden, zum anderen verursacht
eine Sicherung einen hohen Aufwand an Bauelementen mittlerer
Integrationsdichte.

## 5.2.6 Busstruktur und Bussteuersignale

Bild 5/5 zeigt die Struktur des entwickelten Bussystems. Die
Pfeile an den Leitungen kennzeichnen die möglichen Signal-
richtungen.
Zwei uncodierte Signale Read (R) und Write (W) zeigen die
Übertragungsrichtungen an. Zum einen ergibt sich dadurch
eine einfache Busüberprüfung, zum anderen sind diese Signale aus den Steuersignalen der meisten derzeitigen Mikroprozessoren (vgl. Bild 4/1) einfach ableitbar und direkt zum
Ansteuern von Speicher- und Ein/Ausgabe-Bausteinen (vgl.
Kap. 4.1) ohne Koppelaufwand zu verwenden. "I/O" unterscheidet Adressen innerhalb des 64 k-byte Speicherraumes gegenüber weiteren 64 k Adressen. Damit lassen sich die von der
Mikroprozessortechnik bekannten Ein/Ausgabeverfahren "I/O"
und "Memory mapped I/O" durchführen. Beim ersten Verfahren

liegen die Teilnehmeradressen außerhalb, beim zweiten innerhalb des Speicherraumes. "Memory mapped I/O" hat gegenüber
"I/O" den Vorteil, daß sämtliche speicherbezogene Mikropro-
zessorbefehle auf die verwendeten Adressen direkt angewendet
werden können und dadurch der Softwareaufwand für die Treiber
geringer ist.

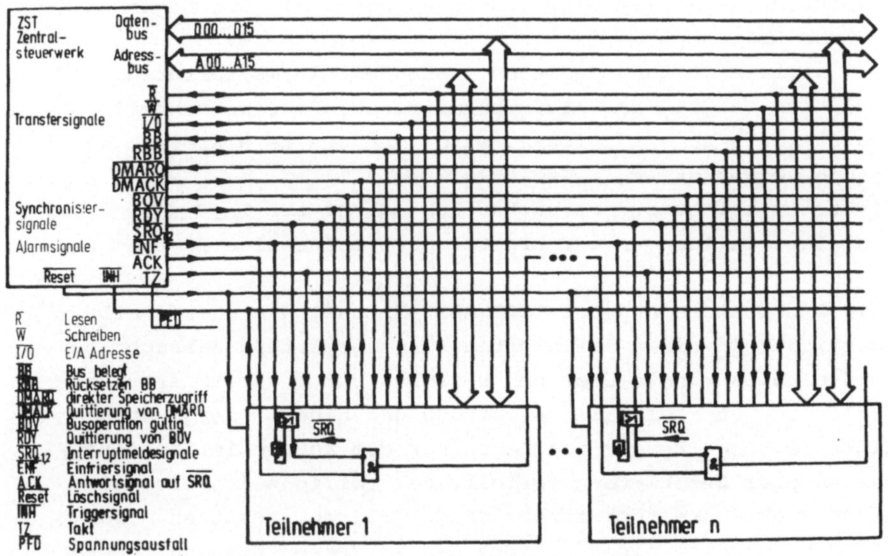


Bild 5/5: Busstruktur und Bussteuersignale

Bei direktem Austausch langer Datenblöcke (vgl. Kap. 3.3.1)
zwischen 2 Teilnehmern erfolgt eine Blockierung des Busses
für andere Teilnehmer, da über den belegten Datenbus keine
Alarmbehandlung (vgl. Bild 4/10, ASP III) durchführbar ist.
Eine Begrenzung der Blocklänge engt den Freiheitsgrad in der
Softwareerstellung ein und führt zu komplizierteren Treiberprogrammen. Deswegen wurden 2 Signale "Bus belegt" und "Rücksetzen Bus belegt" zum Unterbrechen einer Übertragung vorgesehen
(vgl. Kap. 5.3.2).
Ein einfaches Laden entsprechender Programmteile in die einzelnen Teilnehmer, die einen Mikroprozessor besitzen, erleichtert besonders bei der Inbetriebnahme und im Testfall die
Systemhandhabung.Dies ermöglichen die mikroprozessorspezifi-

schen Signale DMARQ und DMAACK (vgl. Kap. 4, Bild 4/1).
DMARQ koppelt alle Mikroprozessoren von ihrem internen Daten- und Adreßbus ab. Nach Quittierung durch DMAACK können anschließend die Programmteile über DMA-Verkehr geladen werden.

Die Synchronisierung des Datenaustausches erfolgt über das asynchrone 2-Leiter-Quittierungsverfahren mit den Signalen BOV und RDY.

Drei weitere Leitungen dienen gemäß der Alarmstruktur ASS III (vgl. Kap. 4.2.4) der Alarmübermittlung. Um eine schnelle Buszuteilung zu ermöglichen, wird eine zweite Alarmleitung als Option verwendet (vgl. Kap. 5.2.3).

Ein zentraler quarzgesteuerter Takt dient zur Synchronisierung einzelner Teilnehmer und ersetzt dort aufwendige Taktgeneratoren.

Beim Einschalten und bei "NOT AUS"-Situationen müssen alle Funktionen in einen definierten Ausgangszustand gebracht werden. Dies könnte über den Datenbus durch adressierte Befehle bzw. über eine Einzelleitung geschehen. Die gewählte Einzelleitung (Reset) hat gegenüber dem sequentiellen Adressieren über Befehle den Vorteil, daß völlig zeitgleich einzelne Funktionen rücksetzbar sind. Außerdem besitzen alle LSI-Schaltkreise einen entsprechenden "Reset Eingang", der mit dieser Leitung ohne Hardwareaufwand direkt zu steuern ist. Zur zeitgleichen Triggerung von Busteilnehmern, z.B. Start von achsspezifischen Interpolatoren, dient das Signal INH.

Variable Daten wie NC-Programme, Zustands- und Betriebsdaten sollten einen Spannungsausfall begrenzter Dauer, z.B. 3 Tage, überdauern. Bei langen NC-Sätzen ergibt sich eine wesentliche Reduzierung der Nebenzeiten, wenn innerhalb des NC-Satzes nach einer Unterbrechung mit den letzten Lage-Istwerten die Bearbeitung fortgeführt werden kann. Teilweise müssen bei Spannungsausfall auch Anlagenteile stillgesetzt werden. Hierfür wird der Spannungsausfall zentral erkannt und dem System über PFD angezeigt. Eine Batterie hält die Spannung so lange, bis die einzelnen aktiven Teilnehmer diese Daten in gepufferte RAM-Bereiche retten können.

## 5.3  Übertragungsoperationen

Die fehlerfreie Datenübermittlung zwischen zwei Teilnehmern
erfordert die exakte Festlegung des Ablaufs des Datenaustausches. Es ist Datenaustausch zwischen Zentralsteuerwerk
und allen Teilnehmern, zwischen den aktiven Teilnehmern untereinander und zwischen aktiven und passiven Teilnehmern
abzuwickeln (vgl. Kap. 3.3.1 u. 5.1).

### 5.3.1 Datenaustausch zwischen Zentralsteuerwerk und Teilnehmer

### Lese- und Schreiboperation

Zum Erfassen des Systemzustandes eines Teilnehmers für Über-
wachungszwecke oder zum Übermitteln von Organisationsbefeh-
len, z.B. Buszuteilung, sind vom Zentralsteuerwerk gesteuerte
Lese- und Schreiboperationen notwendig (Bild 5/6). Nach Ausgabe der Adressen, Daten und Begleitsignale (R,W,I/O) auf den
Bus decodieren die Teilnehmer die am Bus anliegende Teilnehmeradresse. Um die unterschiedlichen Signallaufzeiten auf den

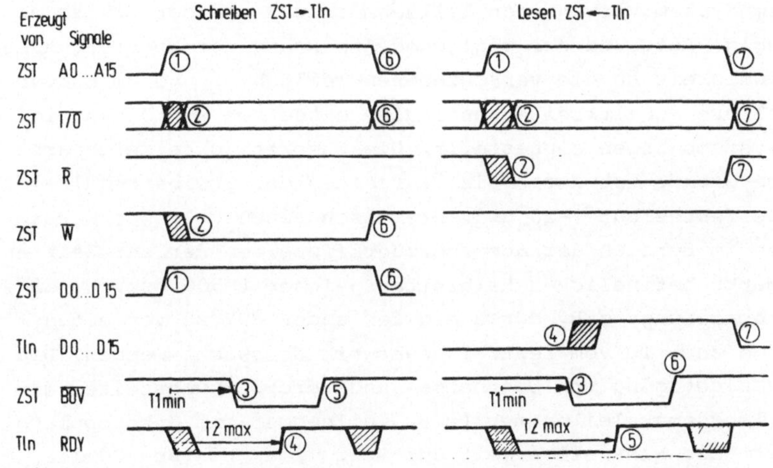


**Bild 5/6:** Lese- und Schreiboperation zwischen Zentralsteuerwerk und einem Teilnehmer

Adreß- und Datenleitungen auszugleichen, gibt das Zentralsteuerwerk um T1 verzögert BOV aus. BOV kennzeichnet **gültige**

und stabile Daten auf dem Bus. Der Teilnehmer, welcher seine
eigene Teilnehmeradresse auf dem Bus erkannt hat, übernimmt
mit der negativen Flanke von BOV das Datum bei der Schreiboperation bzw. kann das Datum bei der Leseoperation auf den
Bus schalten. Die Forderung nach einer möglichst linearen Abhängigkeit der Kosten vom Ausbaugrad kann nur erfüllt werden,
wenn der Schnittstellenaufwand in den passiven Teilnehmern,
die gegenüber den aktiven in wesentlich größerer Zahl vorhanden sind, klein gehalten wird. Deswegen wird das Signal BOV
so eingestellt, daß es von einfachen passiven Teilnehmern,
z.B. Speichern oder Ein/Ausgabekarten,direkt zur Erzeugung des
Quittierungssignals RDY verwendet werden kann. Dies ist jedoch
keine zwingende Vorschrift. Teilnehmer mit längeren Antwortzeiten können das Quittierungssignal vollkommen asynchron nach
Empfang von BOV erzeugen. Nach Erhalt von RDY schließt das
Zentralsteuerwerk den Übertragungszyklus ab, indem es alle
Signale rücksetzt. Ein neuer Zyklus kann nach dem Abprüfen
des Ruhezustandes wieder gestartet werden.
Die Zeit T1min zwischen Beginn des Zyklusses und BOV ist von
den im System verwendeten Teilnehmern und von der Buslänge
abhängig. Aufgrund der möglichen Anpassung der Übertragungsgeschwindigkeit an die verschiedenen Teilnehmer und um später
schnellere Schaltkreistechnologien einsetzen zu können wird
sie systembezogen eingestellt. Die theoretisch erreichbare
untere Grenze ist durch die Laufzeiten der Treiberschaltkreise festgelegt ($\approx$20 ns). Praktisch einzustellende Werte
liegen im Bereich der Speicherzugriffszeiten der zur Zeit auf
dem Markt befindlichen Halbleiterspeicher ($\approx$500 ns). Um eine
Busblockierung, z.B. durch ein fehlendes RDY,zu vermeiden,
muß die Zeit T2 vom Zentralsteuerwerk überwacht werden. Die
Berücksichtigung von Übernahme- und Verarbeitungszeiten extrem langsamer Teilnehmer (z.B. Teilnehmer mit Optokopplern)
fordert die Einstellbarkeit der Zeit T2max bis zu 100 $\mu$s.
Alle Signalpegel wurden übereinstimmend mit denen der entsprechenden Mikroprozessorsignale (vgl. Kap. 4.1.2.) gewählt.
Dadurch ist es möglich für kleine Systeme ohne Treiberschaltkreise direkt die Mikroprozessorsignale für die Daten- und

Adreßübertragung zu verwenden.
Für Test, Inbetriebnahme und Wartung ist ein einfaches Verfahren zum Überprüfen des Datenaustausches und damit auch
der richtigen Funktionsweise der einzelnen Teilnehmer wün-
schenswert. Dies kann auf einfache Weise bei ausgeschalteter
Zeitüberwachung durch externes Verzögern bzw. Unterdrücken
von RDY erfolgen und damit der gesamte Datentransfer über den
Bus manuell im Einzelschrittbetrieb beziehungsweise bis zu
bestimmten Daten und Adressen abgefahren und angezeigt werden.
Voraussetzung ist, daß RDY im aktiven Zustand als positives
Spannungssignal übertragen wird, da dies das Realisieren einer
UND-Funktion zwischen mehreren Signalen auf dem Bus ermöglicht.
Eine Testkarte, die als weiterer Teilnehmer im Testfall an
den Bus zu koppeln ist, ermöglicht nun RDY, z.B. abhängig von
einem Taster oder einem eingestellten Datum bzw. einer Adresse, auf Null zu halten (UND-Funktion) und die auf dem Daten-
und Adreßbus anstehenden Informationen anzuzeigen.

## Alarmbehandlungsoperation

Die Identifizierung des alarmauslösenden Teilnehmers erfordert das Übertragen eines Vektors vom Teilnehmer zum Zentralsteuerwerk. Dort wird er in eine Warteschlange eingereiht und
prioritätsabhängig bearbeitet. Die Übermittlung des Vektors
erfolgt in der Alarmbehandlungsoperation (Bild 5/7).

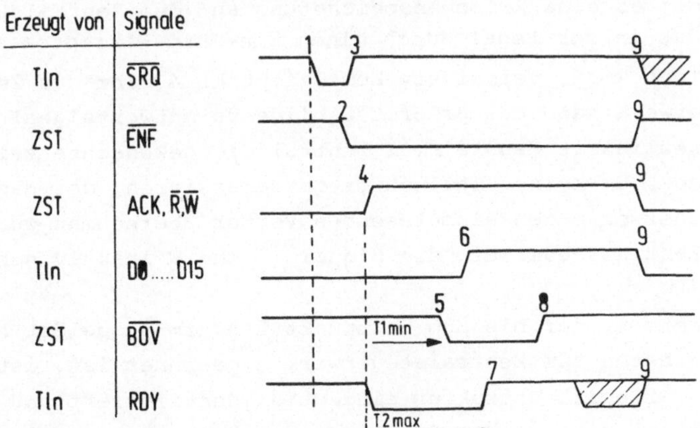


Bild 5/7: Alarmbehandlungsoperation

Der Teilnehmer setzt zum Zeitpunkt 1 einen Alarm auf die Sammelleitung SRQ. Dieser leitet beim Zentralsteuerwerk die Phasen Identifizierung des alarmauslösenden Teilnehmers, Prioritätsbildung bei Gleichzeitigkeit von Alarmen und das Einlesen der Alarmursache ein (vgl. Kap. 4.2.4). Falls genau in der Einlesephase (Ausgabe von BOV zum Zeitpunkt 5 in Bild 5/7) ein näher beim Zentralsteuerwerk gelegener Teilnehmer Alarm auslöst, gelangen ohne sonstige Vorkehrung kurzzeitig zwei Vektoren auf den Bus, was zum Zerstören der Treiberbausteine führt. Um dies zu vermeiden müssen in der Busschnittstelle die Vorgänge Einfrieren des momentanen Alarmzustandes und Prioritätsbildung (Weitergabe bzw. Sperren von ACK zum nächsten Teilnehmer, abhängig vom Alarmzustand) zeitlich versetzt ablaufen. Zum einen könnte dies mittels eines Zeitgliedes, welches ACK jeweils verzögert zum nächsten Teilnehmer weitergibt oder durch ein weiteres Signal erfolgen. Die Lösung mit Zeitglied führt zu einem zusätzlichen Baustein in der Schnittstelle. Außerdem weisen einfache Zeitglieder große Streubreiten auf und müssen deswegen manuell auf jedem Teilnehmer justiert werden. Aus diesen Gründen wurde das Signal ENF eingeführt, das vom Zentralsteuerwerk zum Zeitpunkt 2 aufgrund dem registrierten Alarm ausgegeben wird  und keinen weiteren Alarm in den Teilnehmern zuläßt. Das gleichzeitige Abschalten des Alarms vom Bus ermöglicht den geringsten Schnittstellenaufwand, indem es eine Zwischenspeicherung auf dem Zentralsteuerwerk, das in der Regel durch einen Ein-Chip-Mikroprozessor verwirklicht wird, vermeidet. Zum Zeitpunkt 4 gibt das Zentralsteuerwerk dann das prioritätsbildende Antwortsignal ACK aus und realisiert dann einmal zentral die gewünschte zeitliche Sequenz. Um keinen Teilnehmer zu adressieren, der dann fälschlicherweise den einzulesenden Vektor übernehmen würde, muß das Zentralsteuerwerk die Signale R und W inaktiv schalten.

Der Teilnehmer, der bis zum Zeitpunkt 2 Alarm ausgelöst hatte und am nächsten zum Zentralsteuerwerk angeordnet ist, ist durch die Prioritätsstruktur eindeutig identifiziert und kann intern seinen Vektor, der die Alarmursache kennzeichnet, be-

reitstellen. Falls der Alarm auf der normalen Alarmleitung
$SRQ_1$ übertragen wurde, liest ihn das Zentralsteuerwerk aus
den bei der Lese- und Schreiboperation genannten Gründen
mit BOV und RDY ein (vgl. Bild 5/6). Wurde der Alarm über die
Alarmleitung $SRQ_2$ übertragen, kann der zum Zeitpunkt 4 iden-
tifizierte Teilnehmer unter Beachtung von RBB (Rücksetzen Bus
belegt) mit seinem Datenaustausch beginnen (vgl. Kap. 5.3.2).

## 5.3.2 Datenaustausch direkt zwischen zwei Teilnehmern

Nach den steuerungsspezifischen Analysen (vgl. Kap. 3.3.1)
und der Steuersystemkonfiguration (vgl. Kap. 5.1) findet
der Datenaustausch vorwiegend direkt zwischen aktiven Teilnehmern sowie zwischen aktiven und passiven Teilnehmern
statt. Dabei besitzen die aktiven Teilnehmer nicht die Funktion des Zentralsteuerwerks. Dieser Teilnehmer-Teilnehmer-
Verkehr ermöglicht neben dem Teilbetrieb und dezentralen Systemaufbau verglichen mit Datenaustausch über das Zentralsteuerwerk um den Faktor zwei schnellere Übertragungsraten
und gibt damit aufgrund des hohen möglichen Datendurchsatzes
zusätzliche Systemreserven.

Der in Kap. 3.3.1 analysierte Datenaustausch von niederprioren langen (vgl. Tab. 3/3, lfde.Nr. 1...8) und hochprioren
kurzen Datenblöcken (vgl. Tab. 3/3, lfde.Nr. 9...15) sowie
das Übertragen von hochprioren Vektoren zum Zentralsteuerwerk fordern verschiedene Blocktransferarten. Der "Burst
mode" überträgt einen Datenblock ohne Unterbrechung und eignet sich besonders für die kurzen Datenblöcke mit hoher
Priorität. Das aus der Rechnertechnik bekannte Verfahren
des "Cycle Stealing", bei dem ähnlich einem Zeitmultiplexsystem (vgl. Kap. 4.2.3) der Bus zum Beispiel nur für jeden
zweiten Übertragungszyklus dem sendenden Teilnehmer zur Verfügung steht,ist für das Übertragen von langen Datenblöcken
sinnvoll. Mit diesen Verfahren können Alarme sofort nach dem
kurzen Datenblock oder während einem freien Zyklus auf dem
Bus vom Zentralsteuerwerk identifiziert werden.

In Bild 5/8 ist der Ablauf eines Teilnehmer-Teilnehmer-Verkehrs dargestellt, der diese Transferarten ermöglicht. Voraussetzung für den Datenaustausch ist die Buszuteilung an den aktiven Teilnehmer, der als Sender operiert.

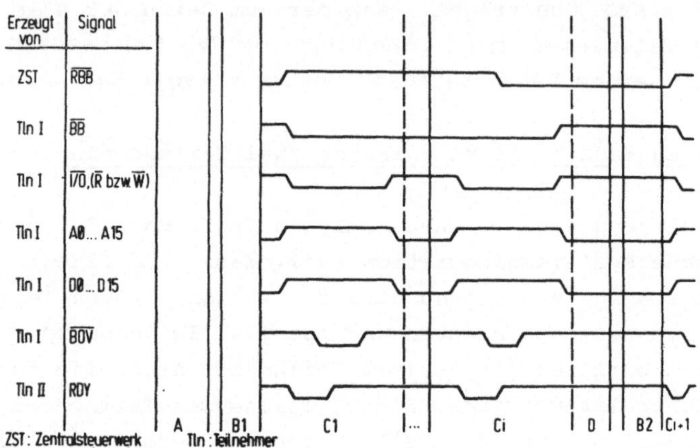


**Bild 5/8:** Übertragungsoperation: Teilnehmer-Teilnehmer-Verkehr

Bei beiden Buszuteilungsverfahren (vgl. Kap. 5.2.3) kann der aktive Teilnehmer mit der Übertragung beginnen, falls das Signal RBB nicht aktiv und kein BB gesetzt ist. Damit läßt sich beim Hardware-Verfahren abhängig von der Buslänge und der Bustechnologie (vgl. Kap. 5.4) die Buszuteilung in einigen 100 ns durchführen. Da passive Teilnehmer sowieso von aktiven verwaltet werden und somit keine Synchronisierinformationen von anderen Teilnehmern zu übertragen sind, ist dieses Zuteilungsverfahren besonders für den hochprioren Datenaustausch zwischen aktiven und passiven Teilnehmern sinnvoll (vgl. Kap. 3.3.1 und Kap. 5.1).
Nach der Buszuteilung wird der Datenaustausch abgewickelt, indem der aktive als Sender operierende Teilnehmer den anderen Teilnehmer selbständig adressiert und Einzelworttransfers mit Ablauf nach Bild 5/6 abwickelt (Phase C1...Ci in Bild 5/8). Er setzt dabei alle in Bild 5/6 vom Zentralsteuerwerk gesetzten Signale. Auf diese Weise kann der Datenaustausch innerhalb eines Teilsystems sowohl im Einzelbe-

trieb als auch im integrierten Betrieb ohne Änderung gleich
ablaufen (vgl. Kap. 5.1). Dadurch wird die eingangs aufge-
stellte Forderung einer einfachen Integration von Teilsystemen möglich. Die geforderten Unterbrechungen des Datenaustausches bei langen, relativ niederprioren Datenblöcken und
die verschiedenen Transferarten sind durch ein einfach zu
realisierendes asynchrones Quittierungsprinzip erreichbar.
BB wird dabei vom sendenden Teilnehmer für die gesamte Sen-
dedauer gesetzt. Durch Überwachen von BB läßt sich auf dem
Zentralsteuerwerk auf einfache Weise der Beginn, die Dauer
und das Ende einer Übertragung feststellen. Falls die Übertragung abgebrochen werden soll, setzt das Zentralsteuerwerk RBB. Um mit einem definierten Zustand ohne Datenverlust
die Übertragung fortsetzen zu können, schließt der aktive
Teilnehmer seinen gerade laufenden Wortzyklus ab und gibt
den Bus wieder frei, indem er BB rücksetzt.
Der abgebrochene Teilnehmer-Teilnehmer-Verkehr ist durch das
Zentralsteuerwerk direkt wieder startbar, indem das Signal
RBB zurückgenommen wird, (Phase Ci+1). Dies kann z.B. beim
aktiven Teilnehmer einen Interrupt auslösen, der das Wieder-
aufnehmen des Datenaustausches einleitet. Dieser Hardware-
synchronisierung ist beim programmgesteuerten Buszuteilungsverfahren im allgemeinen eine programmgesteuerte Synchronisierung durch Abfragen und Verriegelungen etc. überlagert.
Indem RBB zyklisch gesetzt wird läßt sich "Cycle Stealing"
verwirklichen. Dann kann zum Beispiel beim Transfer von langen Datenblöcken jeder zweite Zyklus für das Übertragen eines
hochprioren Vektors reserviert werden.


## 5.4 Aufbau der Busschnittstelle


Bei Benutzung der beschriebenen Übertragungsoperationen ist
die Kompatibilität bezüglich Struktur der Kommunikations-
Software erreicht, da die Flußdiagramme der entwickelten
Treiber-Programme von Prozessor zu Prozessor direkt übertragbar sind. Das nächste anzustrebende Ziel, die Portabili-
tät der Software, fordert mikroprozessorspezifische Compiler

für problemorientierte Sprachen. Neben der Software-Standardisierung ist die hardwaremäßige Kompatibilität bezüglich Technologie und mechanischem Aufbau von entscheidender Wichtigkeit für Entwicklung, Test und Service.


## Technologie

Die ausreichende Übertragungslänge, sowie der geringere Anpassungsaufwand und die höhere Geschwindigkeit gegenüber CMOS führte zur LPS-Technologie (vgl. Kap. 4.1.2). Hier können Signale mit 100 ns Dauer über den Bus übertragen werden /23/. Dies ermöglicht maximale Datenraten von ca.2,5 Mega-Worte pro Sekunde und erlaubt den Aufbau der angestrebten Speicherkopplung. Buszyklen können im Bereich der Zykluszeiten der in absehbarer Zukunft leistungsfähigsten Mikroprozessoren ablaufen,ohne diese zu verlangsamen.


## Mechanischer Aufbau

Ein einheitlicher Stecker ist die Voraussetzung für die direkte Umsteckbarkeit einzelner Teilnehmer. Die Definition eines geeigneten Kartenformats und Überrahmens erleichtert wesentlich den Test und die Wartung der Teilnehmer.
Im vorliegenden Fall wird deshalb das Europakartenformat nach DIN 41494 eingesetzt. Vergleiche mit dem CAMAC Aufbausystem ergaben Vorteile in der Größe, der möglichen Leiterbahnführung und dem Preis. Als Steckerverbindungssystem dienen aus Zuverlässigkeitsgründen die in DIN 41612 festgelegten indirekten Steckverbindungen.


## Aufbau der Schnittstellenelektronik für einen passiven Teilnehmer

Bild 5/9 zeigt als Beispiel den Aufbau der Schnittstellenelektronik für einen passiven Teilnehmer.
Nach im Adressenvergleicher erkannter Teilnehmeradresse werden abhängig von den Richtungssignalen (R,W̄) mit BOV entsprechende Registersätze gelesen bzw. beschrieben. Ein äußerst geringer Decodieraufwand ergibt sich bei Verwendung des Sig-

nals I/O (Kap.5.2.6). Dann können zum Beispiel die Subadressen, die ein einzelnes Register anwählen, über funktionelle Bits direkt vom Adreßbus (AO...A11) abgegriffen werden.

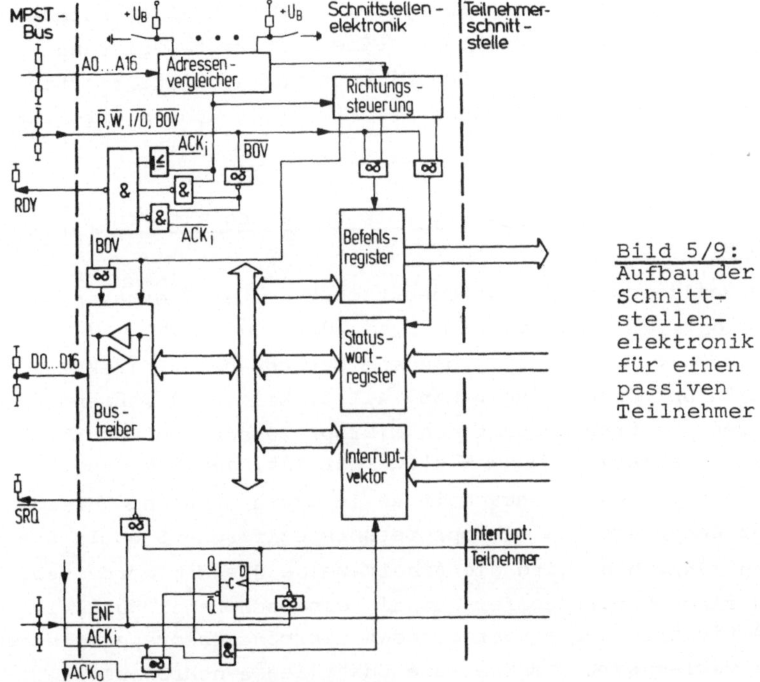


Bild 5/9:
Aufbau der Schnitt-stellen-elektronik für einen passiven Teilnehmer

Im unteren Teil des Bildes ist der Schaltungsteil für das Absetzen eines Alarms und des zugehörigen Vektors dargestellt. Dieser ist im einfachsten Fall fest eingestellt und enthält die Teilnehmeradresse, bzw. wird über die Teilnehmerschnittstelle geladen. Danach setzt der Teilnehmer über die Leitung SRQ den Alarm an das Zentralsteuerwerk ab. Die SRQ-Leitung ermöglicht eine "Oder Verbindung" mehrerer "Null-Signale" auf dem Bus, was das gleichzeitige Auftreten von Alarmen unterschiedlicher Teilnehmer ermöglicht. Entsprechend dem in Bild 5/7 dargestellten Ablauf wird mit ENF der Alarm vom Bus geschaltet und ein Flip-Flop gesetzt, das falls $ACK_i$ den Teilnehmer erreicht, $ACK_0$ sperrt und den Vektor bereitstellt. Dieser wird mit BOV zum Zentralsteuerwerk übermittelt.

Mit auf dem Markt verfügbaren 6-bit-Vergleicherbausteinen
8-bit-bidirektionalen Bustreibern, 8-bit-Registern mit integrierten hochohmigen Ausgängen für Busanwendungen sowie dem
geringen Aufwand für das Alarmsystem läßt sich eine kostengünstige Schnittstelle aufbauen. Eine weitere Reduzierung
der Bauelemente kann durch den Einsatz von hochintegrierten
Schnittstellenbausteinen einzelner Mikroprozessoren erreicht
werden (vgl. Kap. 7.3.4).

<u>Aufbau der Schnittstellenelektronik für einen aktiven
Teilnehmer</u>

Für die Realisierung des Datenaustausches über Übergabespeicher bieten sich drei Möglichkeiten. Die einfachste und nahezu
bei jedem Mikroprozessor vorhandene Methode hängt direkt
über DMARQ und DMAACK (vgl. Kap. 4.1.1, Bild 4/1) während
der ganzen Übertragungszeit den Mikroprozessor vom Bus ab.
Eine zweite relativ einfache Möglichkeit ist, den Prozessor nur
während bestimmten Zeitabschnitten im Cycle Stealing-Verfah-
ren über entsprechende mikroprozessorspezifische Signale an-
zuhalten /34/. Hier wird die Arbeitsweise des Mikroprozessors
während eines Blocktransfers um die eingeschobenen Buszyklen
durch Aktivieren der entsprechenden mikroprozessorspezifischen
Signale verlangsamt und über die Buszyklen synchronisiert.
Um DMA ohne Anhalten des Prozessors während der Befehlsausfüh-
rungsphase durchzuführen, sind schnelle Speicher und in der
Regel ein großer Hardwareaufwand erforderlich.

In Bild 5/10 ist der Aufbau für Methode 1 dargestellt, die
eine einfache Realisierung und gute Übertragungseffizienz
bei Datenblöcken erlaubt. Falls der Teilnehmer als Datensenke an einem Datenaustausch beteiligt ist, koppeln die
Bussteuersignale (BB, R, W, I/O, BOV) den Mikroprozessor
über DMARQ und DMAACK vom Bus ab. Der externe als Sender operierende Teilnehmer kann während dieser Zeit direkt den
Übergabespeicher beschreiben bzw. lesen. Am Ende des Trans-
fers muß ein Interrupt mit der negativen Flanke von BB von
der Schnittstelle zum Mikroprozessor abgesetzt werden (Bus-

freigabe in Bild 5/10), der den Mikroprozessor veranlaßt, die
im Übergabespeicher hinterlegten Daten zu verarbeiten.

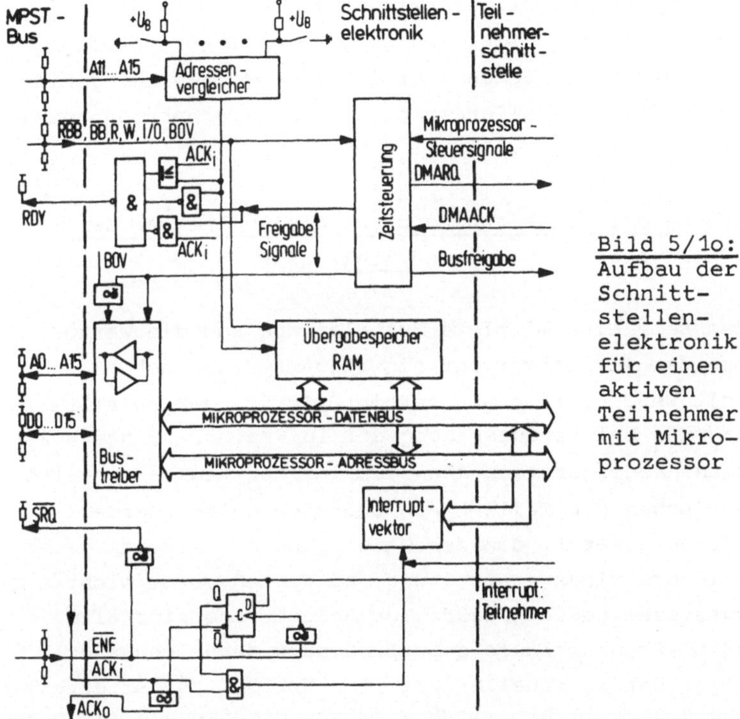


Bild 5/1o:
Aufbau der
Schnitt-
stellen-
elektronik
für einen
aktiven
Teilnehmer
mit Mikro-
prozessor

Falls der Teilnehmer als Datenquelle operiert, erzeugt der
Schaltungsteil "Zeitsteuerung" aus den Mikroprozessorsignalen
(vgl. Bild 4/1) die MPST-Bussignale. Der Mikroprozessor-
Daten- und Adreßbus wird nach Buszuteilung über Treiber direkt auf den MPST-Bus geschaltet. Damit kann der Mikroprozessor direkt die Übergabedatenspeicher anderer Teilnehmer
beschreiben bzw. lesen und wird über Ready (vgl. Bild 4/1)
synchronisiert.

Die Alarmabsetzung erfolgt wie beim passiven Teilnehmer. Nach
Absetzen eines Alarms wird der zugehörige Interruptvektor
vollkommen autonom vom Zentralsteuerwerk eingelesen, ohne die
Arbeitsweise des Mikroprozessors zu unterbrechen.

Dieser Schnittstellenaufbau nutzt konsequent die vom Mikroprozessor angebotenen Möglichkeiten des DMA-Verfahrens. Auf-

grund der verwendeten Übergabespeicher läßt sich eine effektive Speicherkopplung ohne das Übertragen von Anfangsadresse,
Blocklänge und Absenderadresse -wie häufig bei Blockübertra-
gungsverfahren üblich -sowie ohne Zwischenspeicherung von
Adressen und Daten beim Sender erreichen, was zu einem geringen Aufwand an Schnittstellenelektronik und Treiberprogrammen
führt.

## 5.5 Abschätzung der Busbelastung durch die Teilnehmer der Steuerdatenverarbeitungs- und Stellebene

Im folgenden soll eine mittlere Busbelastung und die Wartezeiten einzelner Teilnehmer für ein Steuersystem nach Bild
5/1 ermittelt werden. Aufgrund der in Bild 5/1 dargestellten
Realisierung und bei Voraussetzung der in Kap. 3.2.1 beschriebenen Maschinenkonfiguration kann der in Kap. 3.3.1 ermittelte
Datenfluß zwischen den Teilnehmern zugrunde gelegt werden.
Dabei ist vorausgesetzt, daß der Datentransfer zwischen geometrischer Informationsverarbeitung und Wegmeßsystem nicht
über das Bussystem geführt wird. Zur Abschätzung sind alle
während des NC-Programmlaufs stattfindenden Nachrichtenver-
kehre wichtig. Der in Tabelle 3/3, lfde.Nr. 6...15 dargestellte Datenfluß ergibt im Mittel 18,2 k-byte pro Sekunde entsprechend 9,1 k 16-bit-Worte. Hinzu kommen die zusätzlichen Informationen für den Verbindungsaufbau, z.B. die Übermittlung
der Vektoren nach Bild 5/7, die Abfrage der Datensenke auf zulässige Übertragung nach Bild 5/6 sowie der Start der Übertragung nach Bild 5/6. Dies verursacht ca. 5 k-byte pro Sekunde.

Neben der mittleren Busbelastung sind die einzuhaltenden
Reaktionszeiten bei der Dimensionierung des Gesamtsystems
zu berücksichtigen. Während das Einlesen und das Verteilen eines NC-Satzes an die geometrische und technologische Informationsverarbeitung, bzw. der Datenverkehr von und zum Be-
diener, niederprior im Hintergrund ablaufen können, sind alle
Übertragungen zwischen den informationsverarbeitenden Prozessoren und den untergeordneten prozeßspezifischen Teilneh-

mern (vgl. Tab. 3/3 und Bild 5/1) zeitkritisch und müssen vorrangig abgewickelt werden. Tabelle 5/1 zeigt die Busbelastungen, die durch die Arbeitsgeschwindigkeiten der zwei Mikroprozessortypen, dem 8-bit-Mikroprozessor Z-80 und dem 16-bit-Mikroprozessor TMS 9900, entstehen.

| Datenaustausch zwischen den Teilnehmern | Daten-art | Daten-struktur (bit) | Operation Lesen | Operation Schreiben | Zyklus (ms) | Übertragungszeit (µs) Z80 | Übertragungszeit (µs) TMS 9900 | Priorität | max. Wartezeit (ms) Z80 | max. Wartezeit (ms) TMS 9900 |
|---|---|---|---|---|---|---|---|---|---|---|
| -geom. Inf. Verarb. | Istwerte | 12x12 | X | | ...5 | 124,8 | 87,6 | 1 | 0,1 | 0,1 |
| -12 achsspez. Regelkreise | Sollwerte | 12x16 | | X | ...5 | 124,8 | 87,6 | 1 | 0,1 | 0,1 |
| -techn. Inf. Ver. | Istwerte | ...256 | X | | 10 | 166,4 | 116,8 | 2 | 0,55 | 0,48 |
| -E/A-Anpassung | Sollwerte | ...256 | | X | 10 | 166,4 | 116,8 | 2 | 0,55 | 0,48 |
| -AC-Inf. Verarb. -Sensoren | Istwerte | 3x16 | X | | 10 | 31,2 | 21,9 | 3 | 1,08 | 0,91 |
| -techn. Inf. Ver. | Sollwerte | 1x16 | | X | 10 | 10,4 | 7,3 | 3 | 1,08 | 0,91 |
| -geom. Inf. Ver. | Sollwerte | 2x16 | | X | 10 | 20,8 | 14,6 | | | |
| -BDE-Inf. Verarb. -Sensoren Ein/Ausgabe | Zustände | 100 bit | X | | 10 | 72,8 | 51,1 | 4 | 1,34 | 1,15 |
| -NC-Daten-aufbereitung -techn. Inf. Ver. | Steuer-daten | 20x8 | | X | ...200 | 104 | 73 | 5 | 1,51 | 1,31 |
| -geom. Inf. Ver. | Steuer-daten | 80x8 | | X | ...200 | 416 | 292 | | | |
| -NC-Daten-aufbereitung -Datenspeicher | Steuer-daten | 200x8 | X | | ...200 | 1040 | 730 | 6 | 2,13 | 1,77 |
| -Bedienung, Anzeige -geom. Inf. Ver. -techn. Inf. Ver. -AC-Inf. Ver. -BDE-Inf. Ver. | Istwerte | 50x8 | X X X X | X | 100 | 260 | 182,5 | 7 | 3,27 | 2,60 |

Tabelle 5/1: Abschätzung der Busbelastung durch einzelne Teilnehmer

Zuzüglich zur reinen Übertragungszeit muß die Zeit, die für
das Anfordern des Busses bis zur Zuteilung verstreicht  bei
der Abschätzung der Reaktionszeiten berücksichtigt werden.
Sie setzt sich aus folgenden Zeitanteilen zusammen:

    a) Alarmerkennungszeit des Zentralsteuerwerks

    b) Vektorübermittlung (vgl. Bild 5/7)

    c) Prioritätsermittlung durch das Zentralsteuerwerk,
       gegebenenfalls mit Unterbrechung

    d) Buszuteilung.

Als Richtwert kann hierfür ca. 100 µs angenommen werden.
Im worst case, wenn alle dargestellten Teilnehmer den Bus anfordern, ergeben sich bei der Prioritätsverteilung gemäß Tabelle 5/1, die in Tabelle 5/1 dargestellten Wartezeiten. Mit
diesen Wartezeiten lassen sich die zeitlichen Forderungen des
Datenaustausches zwischen den Funktionen der Steuerdatenver-
arbeitungs- und Stellebene nach Kap. 3.3.1 bequem erfüllen.
Sie bieten genügend Reserven für die Integration weiterer
Teilnehmer.

# 6 Entwicklung eines Seriellbussystems zwischen Steuerdatenverteil- und Steuerdatenverarbeitungsebene (ISWSB)

Die in Kap. 3.3.2 aufgestellten Anforderungen und die in
Kap. 4.2 analysierten Kennzeichen und Realisierungsmöglichkeiten fordern für das externe Datenübertragungssystem DÜVS
ein bitserielles Bussystem in der Halbduplexbetriebsweise.
Da keine hohen Geschwindigkeiten und Reaktionszeiten notwendig sind (vgl. Kap. 3.3.2), stand bei der Konzeption eine
einfache Realisierbarkeit mit LSI-Schaltkreisen und die
Wirtschaftlichkeit im Vordergrund des Interesses. Bild 6/1
zeigt die Systemstruktur.

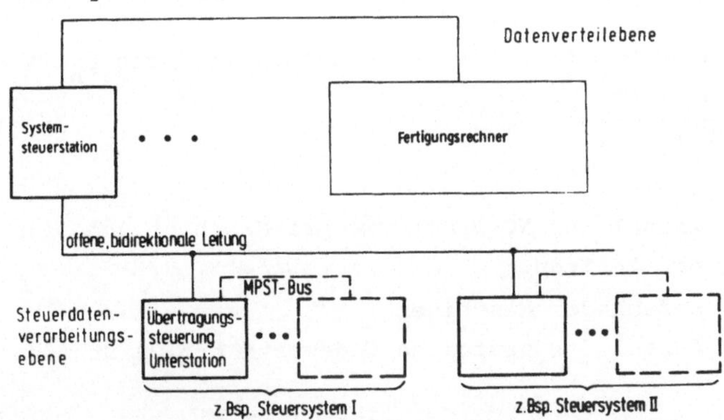


**Bild 6/1:** Systemkonfiguration des ISW-Seriellbus

Eine Systemsteuerstation steuert den Datenaustausch über eine
einzige im Halbduplexverfahren (vgl. Kap. 4.2.1) betriebene
offene Leitung zu und von einzelnen Unterstationen. Die offene
Leitung verursacht gegenüber den anderen Leitungsarten (vgl.
Bild 4/3) die geringsten Kosten.

## 6.1 Ermittlung der notwendigen Übertragungssicherheit

Die Übertragungssicherung des Bussystems ISWSB muß Fehlerraten
aufgrund von Büschelstörungen /24/ bewältigen (vgl. Kap. 3.3.2).
Momentan treten dadurch sehr viel größere Fehlerraten ($p_{EB}$) auf,
als der mittleren Fehlerrate ($p_{Em}$) entspricht. Ein geeigneter
Code muß auch in diesem Fall noch ausreichende Sicherheit bieten.

Die Dimensionierung und die Auswahl eines Codes sowie eines
Fehlerbehandlungsverfahrens sind im wesentlichen von der
geforderten Restfehlerwahrscheinlichkeit - der Wahrscheinlichkeit für nicht als fehlerhaft erkannte Codeworte /24/ -
bestimmt. Sie kann aus der geforderten Teileausschußquote
$q_{\ddot{U}T}$ infolge Übertragungsfehler näherungsweise ermittelt
werden. Dabei wird der worst case angenommen, bei dem jeder
Übertragungsfehler ein Ausschußteil erzeugt:

$$q_{\ddot{U}T} = \frac{\text{Ausschußteile infolge Übertragungsfehler}}{\text{Insgesamt zu fertigende Teile}}$$

$$q_{\ddot{U}T} = \frac{NFCW \cdot p_R}{NP \cdot NM}$$

Damit ist die gesuchte Restfehlerwahrscheinlichkeit $p_R$:

$$p_R = \frac{q_{\ddot{U}T} \cdot NP \cdot NM}{NFCW} \tag{6.1}$$

mit

    NP     : Anzahl der NC-Programme pro Maschine und
              pro 24 Stdn.

    NM     : Anzahl der Maschinen

    NFCW : Anzahl der gestörten Codeworte pro 24 Stunden

Mit einer für Werkzeugmaschinenhallen typischen Zeichenfehlerwahrscheinlichkeit $p_Z$ errechnen sich die maximal gestörten Codeworte, die man aufgrund der geringeren Redundanz zu
Blöcken zusammenfaßt:

$$NFCW = p_Z \cdot NCW = p_Z \cdot \frac{NM \cdot z_{max}}{BLL} \tag{6.2}$$

mit

    $p_Z$     : Wahrscheinlichkeit, daß ein Zeichen gestört ist
    NCW   : Anzahl der Codeworte pro 24 Stunden
    $z_{max}$ : maximale Zeichenzahl pro 24 Stdn. und pro Maschine
    BLL   : Blocklänge in Zeichen (=byte im ASCII-Code)

(6.2) in (6.1) eingesetzt ergibt:

$$p_R = \frac{q_{\ddot{U}T} \cdot NP \cdot BLL}{p_Z \cdot z_{max}} \tag{6.3}$$

Grundlage für die Abschätzung der Restfehlerwahrscheinlichkeit
ist die Teileausschußquote infolge Übertragungsfehler. Sie
sollte wesentlich geringer als die Ausschußquote durch sonstige Fehler, z.B. Einstellfehler u.ä., sein. Dies ist für
$q_{\ddot{U}T} = 10^{-5}$ gegeben.
Die Bestimmung von NP und $z_{max}$ ist in Tab. 6/1 aus den mittleren Satzlängen, Satzdauern und Programmlängen verschiedener
Bearbeitungsfälle /1/ bei 24-Stunden-Betrieb durchgeführt.
Ein Vergleich mit in /36/ gemessenen Werten von TS, LS und
LP bei anderen Teilespektren zeigt, daß die Werte typisch für
die in Tab. 6/1 dargestellten Bearbeitungsverfahren sind.
Rückübertragungen aufgrund von Betriebsdaten, die in der
Regel blockweise am Ende eines NC-Programmlaufs stattfinden,
sind im Gesamtumfang gegenüber den Steuerdaten vernachlässig-
bar.
Die Informationen der Hinübertragung umfassen einzelne wenige
Zeichen bei Steuerbefehlen und bis zu größeren Datenblöcken
beim Übertragen von NC-Programmen. Bei der Rückübertragung
sind Betriebsdaten von ca. 32 Zeichen zu übermitteln. Zur Abschätzung wird hier zunächst eine mittlere Blocklänge von
32 Zeichen angenommen.
Eine Messung der Zeichenfehlerwahrscheinlichkeit in einem
für Werkzeugmaschinenhallen typischen Störklima wurde in
/37/ durchgeführt und als schlechtester Wert $p_Z = 2 \cdot 10^{-4}$
ermittelt. Mit $q_{\ddot{U}T} = 10^{-5}$, BLL = 32, $p_Z = 2 \cdot 10^{-4}$ sowie $z_{max}$
und NP nach Tabelle 6/1 sind die erforderlichen Restfehlerwahrscheinlichkeiten in Tabelle 6/1 für die einzelnen Bearbeitungsverfahren nach Gleichung 6.3 errechnet.
Diese Restfehlerwahrscheinlichkeiten werden nur von Codeworten mit mehr als einer Kontrollstelle (vgl. Kap. 4.2.6) sowie einem geeigneten Fehlerbehandlungsverfahren erreicht.
Ein geeigneter Code, die Anzahl der Kontrollstellen sowie
ein Fehlerbehandlungsverfahren soll im weiteren ermittelt
werden.

| NC-Maschinen | TS | LS | LP | NP | $z_{max}$ | $p_R$ |
|---|---|---|---|---|---|---|
| Bohrwerk 1 | 3,6 | 12,1 | 776 | 31 | $2,90 \cdot 10^5$ | $1,71 \cdot 10^{-4}$ |
| Bohrwerk 2 | 3,8 | 14,4 | 315 | 72 | $3,27 \cdot 10^5$ | $3,52 \cdot 10^{-4}$ |
| Lehrenbohrwerk | 8,0 | 16,4 | 92 | 117 | $1,77 \cdot 10^5$ | $1,06 \cdot 10^{-3}$ |
| Bearbeitungszentrum | 2,4 | 17,9 | 404 | 89 | $6,44 \cdot 10^5$ | $2,21 \cdot 10^{-4}$ |
| Drehmaschine 1 | 2,4 | 17,3 | 70 | 514 | $6,23 \cdot 10^5$ | $1,32 \cdot 10^{-3}$ |
| Drehmaschine 2 | 2,4 | 17,3 | 70 | 514 | $6,23 \cdot 10^5$ | $1,32 \cdot 10^{-3}$ |
| Schleifmaschine | 0,9 | 32,0 | 1060 | 91 | $3,09 \cdot 10^6$ | $4,71 \cdot 10^{-5}$ |
| Messmaschine | 0,39 | 13,0 | 220 | 1006 | $2,88 \cdot 10^6$ | $5,59 \cdot 10^{-4}$ |

TS: mittlere NC - Satzdauer in s

LS: mittlere NC - Satzlänge in Zeichen

LP: mittlere NC - Programmlänge in Sätzen

NP : Anzahl der NC-Programme / 24 Std

$z_{max}$ : maximale Zeichenzahl / 24 Std

$p_R$ : Restfehlerwahrscheinlichkeit

Tabelle 6/1: Charakteristische Werte des Datenaustausches zwischen Steuerdatenverteil- und Steuerdatenverarbeitungsebene


6.1.1 Ermittlung eines Codes


Für die Fehlerwahrscheinlichkeiten eines Codes gelten bei zufällig verteilten Fehlern folgende Beziehungen /35/:

$$p_F = r(i) \, \binom{s}{i} p_E^i (1-p_E)^{s-i} \tag{6.4}$$

$$p_R = \sum_{i=h}^{s} r(i) \, \binom{s}{i} p_E^i (1-p_E)^{s-i} \tag{6.5}$$

mit    $p_F$   : Fehlerwahrscheinlichkeit, daß ein beliebiges, nicht erkennbares Fehlermuster mit i Fehlern auftritt

       $p_R$   : Restfehlerwahrscheinlichkeit; gesamte Fehlerwahrscheinlichkeit für nicht erkennbare Fehler

       h    : Hamming-Distanz; diejenige Anzahl von Binärstellen, um die sich zwei benutzte Codeworte mindestens unterscheiden

       r(i) : Reduktionsfaktor; codeabhängige Funktion, deren Verlauf die Zahl der nicht erkennbaren Fehler mitbestimmt s      : Anzahl der Codewortstellen

$p_E$    : Bitfehlerwahrscheinlichkeit

i      : Fehlerzahl (Laufvariable)

In Bild 6/2 sind für einige Codes die zugehörigen Wahrscheinlichkeiten für nicht erkennbare Fehler über der Bitfehlerwahrscheinlichkeit aufgetragen /35/.

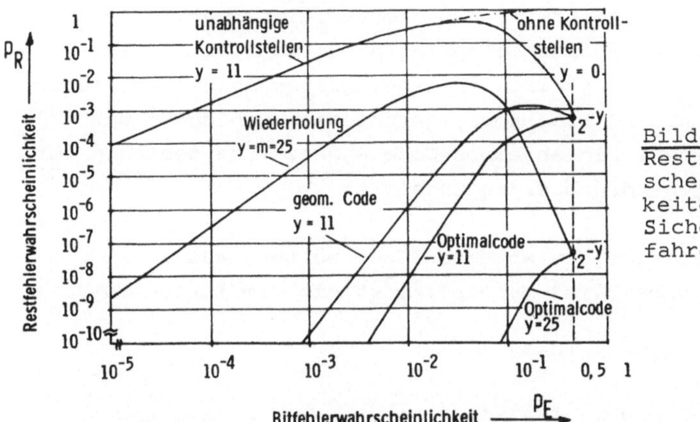


Bild 6/2:
Restfehlerwahr-
scheinlich-
keiten einiger
Sicherungsver-
fahren

Aus Bild 6/2 folgt, daß eine Sicherung durch Hinzufügen von
Kontrollstellen y, die unabhängig von den Nachrichtenstellen m
gebildet werden, die Sicherung durch zweimaliges Senden der
Nachricht sowie mittels eines geometrischen Codes nicht die
Eigenschaften des eingezeichneten Optimalcodes erreichen.
Für ihn gilt /35/

$$r(i) \approx 2^{-y} \tag{6.6}$$

Dadurch weist die Restfehlerwahrscheinlichkeit kein uner-
wünschtes Maximum auf, das um Größenordnungen über dem
Wert $p_R = 2^{-y}$ für $p_{EB} = 0,5$ liegen kann. Weiter besitzt dieser
Code bei gegebener Codewortlänge und Redundanz die größte
Hamming-Distanz.

In /25/ und /35/ wird gezeigt, daß zyklische Codes im vorher
genannten Sinne nahezu optimal sind. Die im Rahmen dieser
Arbeit analysierten zyklischen Codes ergeben, daß der Bose-

Chauduri-Code /25/ und der Abramson-Code /25/ für das zu ent-
wickelnde System in Frage kommen. Während die Bose-Chauduri-
Codes eine große Hamming-Distanz bei relativ geringer Codewortlänge aufweisen, zeichnen sich die Abramson-Codes durch
sehr große Nachrichtenstellenzahlen bei garantierter Hamming-
Distanz aus. Die höhere Stellenzahl führt zu einer äußerst
effizienten Übertragung, da bei zunehmender Stellenzahl das
Verhältnis von Nutzinformation zu Kontrollinformation immer
größer wird. So können mit einem Abramson-Code mit wesentlich weniger Kontrollstellen in einem großen Bereich variable
Blöcke,z.B. ganze NC-Programme, geschlossen gesichert und
übertragen werden. Ein Abramson-Code eignet sich deswegen für
den hier vorliegenden Übertragungsfall.

Das Generatorpolynom des Abramson-Code besteht aus einem
primitiven Polynom $G_1(u)$ multipliziert mit dem Faktor $(u+1)$
/25/:

$$G_A = G_1(u) \cdot (u+1) \; .$$

Die erreichbare Codewortstellenzahl $s_A$ und die Hamming-
Distanz $h_A$ betragen

$$s_A = 2^{y_1} - 1, \; \text{wobei } y_1 : \text{Grad von } G_1(u) \qquad (6.7)$$

$$h_A = 4 \qquad\qquad (6.8)$$

Mit dem Abramson-Code lassen sich zusätzlich alle ungerad-
zahligen Fehler erkennen.

## 6.1.2 Ermittlung eines Fehlerbehandlungsverfahrens und der Anzahl der Kontrollstellen

### Fehlerbehandlungsverfahren

Neben einem Code ist ein geeignetes Fehlerbehandlungsverfahren für die Sicherheit des Übertragungssystems entscheidend.
Zur Verdeutlichung zeigt Bild 6/3 einen auf die Ebene proji-

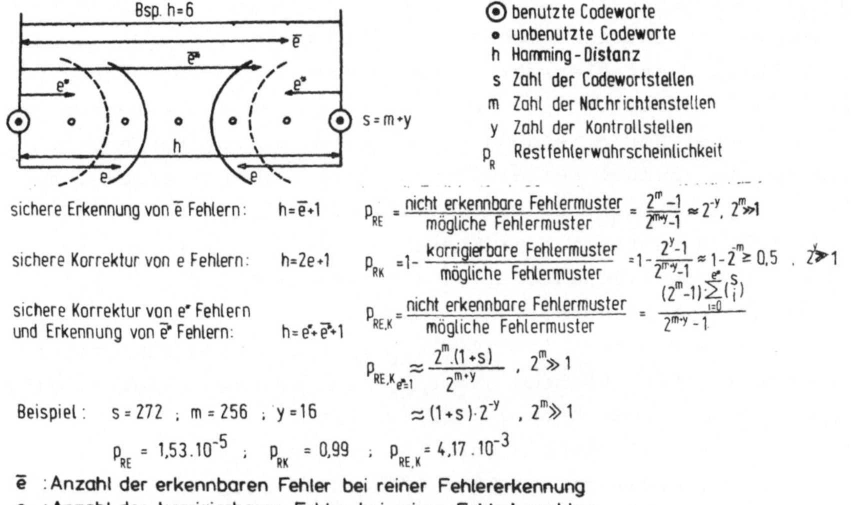



sichere Erkennung von $\bar{e}$ Fehlern: $\qquad h = \bar{e}+1$

$$p_{RE} = \frac{\text{nicht erkennbare Fehlermuster}}{\text{mögliche Fehlermuster}} = \frac{2^m-1}{2^{m+y}-1} \approx 2^{-y}, \quad 2^m \gg 1$$

sichere Korrektur von $e$ Fehlern: $\qquad h = 2e+1$

$$p_{RK} = 1 - \frac{\text{korrigierbare Fehlermuster}}{\text{mögliche Fehlermuster}} = 1 - \frac{2^y-1}{2^{m+y}-1} \approx 1 - 2^{-m} \ge 0.5, \quad 2^y \gg 1$$

sichere Korrektur von $e^*$ Fehlern
und Erkennung von $\bar{e}^*$ Fehlern: $\qquad h = e^* + \bar{e}^* + 1$

$$p_{RE,K} = \frac{\text{nicht erkennbare Fehlermuster}}{\text{mögliche Fehlermuster}} = \frac{(2^m-1) \cdot \sum\limits_{i=0}^{e^*} \binom{s}{i}}{2^{m+y}-1}$$

$$p_{RE,K}{}_{e^*=1} \approx \frac{2^m \cdot (1+s)}{2^{m+y}}, \quad 2^m \gg 1$$

$$\approx (1+s) \cdot 2^{-y}, \quad 2^m \gg 1$$

Beispiel: $\quad s = 272 \; ; \; m = 256 \; ; \; y = 16$

$$p_{RE} = 1{,}53 \cdot 10^{-5} \; ; \quad p_{RK} = 0{,}99 \; ; \quad p_{RE,K} = 4{,}17 \cdot 10^{-3}$$

$\bar{e}$ : Anzahl der erkennbaren Fehler bei reiner Fehlererkennung
$e$ : Anzahl der korrigierbaren Fehler bei reiner Fehlerkorrektur
$e^*$ : Anzahl der korrigierbaren Fehler bei Mischbetrieb
$\bar{e}^*$ : Anzahl der erkennbaren Fehler bei Mischbetrieb

**Bild 6/3:** Fehlerbehandlungsverfahren und deren Restfehlerwahrscheinlichkeit bei starken Störungen

zierten Ausschnitt aus dem Coderaum /24/. Daraus läßt sich anhand der geforderten Zahl der zu erkennenden und korrigierenden Fehler die Hamming-Distanz ableiten.

Prinzipiell sind drei Arten von Fehlerbehandlungen möglich. Bei reiner Fehlererkennung ($\bar{e}$) führt der Empfänger eine automatische Überprüfung durch und fordert gegebenenfalls bei fehlerhaften Worten eine Wiederholung an. Bei reiner Fehlerkorrektur ($e$) weist der Empfänger ein als fehlerhaft erkanntes Wort automatisch einem Codewort zu. Dies bedeutet, daß bei mehr als $e$ Fehlern falsch korrigiert werden kann (vgl. Bild 6/3). Neben diesen Verfahren ist auch ein Mischbetrieb möglich, z.B. das gleichzeitige Erkennen ($\bar{e}^*$) und Korrigieren ($e^*$) von Fehlern.

Zur Beurteilung der Fehlerkorrektursysteme sind in Bild 6/3 die zugehörigen Restfehlerwahrscheinlichkeiten für den Fall

einer stark gestörten Übertragung -wie sie für Werkzeugmaschinenhallen zutrifft -angegeben. Sie zeigen die ganz erheb-
lich höhere Restfehlerwahrscheinlichkeit ($p_{RK}$) für nicht
erkennbare Fehler bei Anwendung eines Codes zur Fehlerkorrektur gegenüber der Anwendung desselben Codes zur Fehlererkennung. Bei reiner Fehlererkennung ist die Restfehlerwahrscheinlichkeit ($p_{RE}$) in diesem Fall durch die Zahl der Kontrollstellen bestimmt. Bei Korrektur eines Fehlers und
Nutzung der restlichen Stellen zur Fehlererkennung um z.B.
die Anzahl der Wiederholungen zu senken und die Übertragungs-
strecke zu entlasten, ist sie ($p_{RE,K}$) bereits um den Faktor
(1+s) schlechter, während sie ($p_{RK}$) bei reiner Fehlerkorrektur
sogar nie unter den Wert 0,5 fallen kann.
Dieser Sachverhalt führte zur Wahl der reinen Fehlererkennung, da nur damit die in Tab. 6/1 geforderten Restfehlerwahrscheinlichkeiten mit vertretbarem Aufwand erreichbar sind.

Nach einer Fehlererkennung durch die Codiereinrichtung, die
durch den Abramson-Code und die Zahl der Kontrollstellen bestimmt ist (vgl. Kap. 4.2.6), sind geeignete Maßnahmen zur
Fehlerbeseitigung einzuleiten. Dabei muß zwischen gestörter
Nachricht  Systemsteuerstation-Unterstation (vgl. Bild 6/1)
und gestörter Antwort Unterstation-Systemsteuerstation unterschieden werden.
Wenn kein Fehler in der Systemsteuerstation vorliegt, verursachen Übertragungsfehler eine Störung der Nachricht, die
durch Codeüberprüfung in der Unterstation erkennbar ist. Auf
eine Quittierung, die z.B. eine Wiederholung bei der Systemsteuerstation anfordert, muß verzichtet werden, da durch Fäl-
schung der Stationsadresse mehrere Unterstationen angesprochen werden und antworten könnten. Deswegen quittiert die Unterstation in diesem Fall nur eine als fehlerfrei erkannte
Nachricht. Um das Ausbleiben einer Antwort festzustellen, muß
die Systemsteuerstation die Übertragungszeit überwachen und
dann gegebenenfalls die Nachricht wiederholen.
Bei der Rückübertragung kann die Codeüberprüfung in der Systemsteuerstation Fehler infolge gestörter Übertragung erkennen und die Nachricht wiederholen. Durch zusätzliches Zurück-

senden der eigenen Stationsadresse am Kopf jeder Antwort ist
ein Adressenvergleich bei der Systemsteuerstation möglich,
der zusätzlich zu den Übertragungsfehlern die richtige Unterstation erkennt.

## Anzahl der Kontrollstellen

Der Code muß hier für den denkbar schlechtesten Störungsfall,
der bei Büschelstörungen mit einer Bitfehlerwahrscheinlichkeit von 0,5 gegeben ist, noch die geforderte Sicherheit bieten. Durch den Einsatz eines zyklischen Codes, der die Eigenschaften eines Optimalcodes und somit nach Bild 6/2 $2^{-y}$ als
höchsten Wert der Restfehlerwahrscheinlichkeit aufweist, läßt
sich die geforderte Kontrollstellenzahl berechnen:

$$P_{RISWSB}(p_{EB} = 0,5) = 2^{-y} \tag{6.9}$$

Aus (6.9) folgt für die Anzahl $y_{ISWSB}$ der Kontrollstellen:

$$y_{ISWSB} = -ld(p_{RISWSB}) \tag{6.10}$$

Die Übertragung zur Schleifmaschine weist in Tab. 6/1 die
höchste Restfehlerwahrscheinlichkeit auf. Mit diesem Wert ergeben sich mit (6.10) $y_{ISWSB} = 15,5$ minimal geforderte Kontrollstellen.

Ein verfügbarer LSI-Schaltkreis führte wegen der einfachen
Realisierbarkeit zur Wahl eines Abramson-Code mit 16 Kontrollstellen und dem Generatorpolynom

$$G_A(u) = (u^{15}+u^{14}+1)(u+1), \text{ wobei } y_1 = 15$$

Damit erhält man mit (6.9) eine im worst case erreichbare
Restfehlerwahrscheinlichkeit von $p_{RISWSB} = 1,5 \cdot 10^{-5}$ und nach
Gleichung (6.7) eine maximale Stellenzahl von ca. $2^{15}$ bit entsprechend 4096 Zeichen. Die NC-Programme nach Tabelle 6/1
können hiermit mit wenigen Blöcken gesichert übertragen werden.

## 6.2 Datenkanalaufteilung, Struktur und Synchronisierung
### der Nachrichten und Antworten

Für den hier vorliegenden blockweisen Datenaustausch von
NC-Programmen und Betriebsdaten ermöglicht der Blockmultiplexbetrieb gegenüber einem reinen Zeitmultiplexsystem die
größtmögliche Datenkanalausnützung und Erweiterbarkeit
(vgl. Kap. 4.2.3). Aus den in Kap. 6.1.2 erläuterten Gründen
der Übertragungssicherung und zum Ausgleichen unterschied-

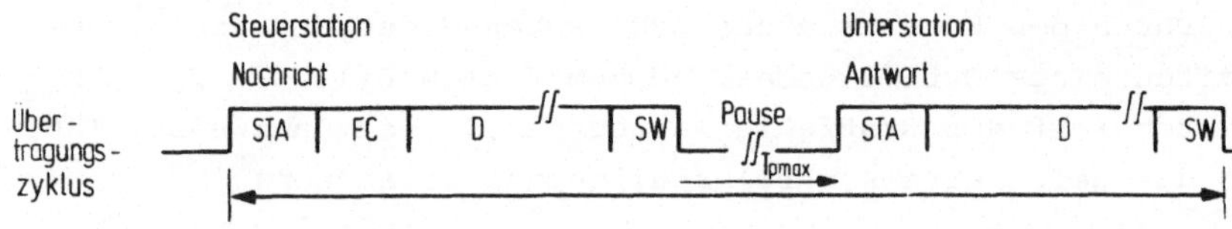


__Bild 6/4:__ Datenkanalaufteilung des ISW-Seriellbus

licher Reaktions- und Durchlaufzeiten in den Teilnehmern
werden außer im Fehlerfall alle Nachrichten der Systemsteuerstation an die Unterstationen durch eine Antwort quittiert
(Bild 6/4).

Ein kostengünstiger Aufbau der Übertragungseinrichtungen
fordert wegen den byte-strukturierten Halbleiterelementen
entsprechend byte-strukturierte Nachrichten und Antworten.
Gleichzeitig ist damit auch eine einfache Anpassung an das
Datenformat des in Kap. 5 entwickelten internen Parallelbusses möglich. Um nach dem ersten Byte den Bestimmungsort
der Nachricht zu erkennen und eine einfache Decodierung zu
erhalten, enthält dieses Byte die Stationsadresse, die einen
Teilnehmer im System identifiziert. Der Befehl an zweiter
Stelle ermöglicht eine sofortige Manipulation von eventuellen
nachfolgenden Datenteilen.

Die in Kap. 6.1.1 und 6.1.2 angestellten Überlegungen fordern eine Codierung der gesamten Nachricht bzw. Antwort, da
sich durch das Absichern größerer Blöcke eine wesentlich höhe-

re Effizienz ergibt (vgl. Bild 6/9).

Aufgrund des einfachsten Synchronisierverfahrens, das keine Synchronisierzeichen über längere Strecken hinweg benötigt, wird der in Bild 4/16 dargestellte Ternär-Code zur Bitdarstellung und zur Bit- und Wortsynchronisierung benutzt. Die Synchronisierung der Nachrichten und Antworten ist sehr einfach durch eine Pause, d.h. keine Sendung auf der Leitung, möglich.

## 6.3 Betriebsart

Die in Kap. 4.2.4 analysierten Alarmsysteme für die Seriellübertragung (vgl. Bild 4/11) verursachen Zusatzaufwand an Erkennungs- und Synchronisierschaltungen. Da beim Übertragungssystem ISWSB nur minimale Reaktionszeiten einzuhalten sind (vgl. Kap. 3.3.2),wird auf das asynchrone Absetzen eines Alarms verzichtet. Ein reiner Abfragebetrieb, bei dem zyklisch einzelne Unterstationen abgefragt werden, kann dagegen über ein Programm in einem Mikroprozessor durchgeführt werden. Um zu schnellsten Abfrageroutinen zu gelangen, ist eine ungesicherte schnelle Abfrage einzelner Stationen möglich. Dabei ist im Adreßteil das höchstwertige Bit im Gegensatz zur normalen Adressierung logisch "Eins" gesetzt und kennzeichnet somit der Unterstation die Abfrage mit fehlendem Sicherungsteil. Diese quittiert daraufhin die Nachricht, indem sie ihre Adresse ohne Sicherungsteil zurücksendet. Bei vorliegendem Alarm setzt sie das höchste Adreßbit zurück, im anderen Fall sendet sie die empfangene Adresse unmodifiziert zurück.

Der Verzicht auf die Datensicherung zugunsten einer schnelleren Alarmübermittlung der Stationen verursacht keinen Systemfehler, da generell ein anstehender Alarm in der Station erst bei Erfüllung der Anforderung gelöscht wird. Eine Störung, die einen Alarm vortäuscht, erkennt die Systemsteuerstation bei der nachfolgenden gesicherten Statusabfrage. Wird fälschlicherweise die Bitstelle, die einen Alarm anzeigt vom Zustand

"Alarm" in den Zustand "Kein Alarm" verfälscht, so bleibt
die Anforderung innerhalb der Unterstation anstehen und wird
beim folgenden Abfragevorgang wieder übertragen. Dieses Verfahren zeichnet sich durch den geringsten Hardwareaufwand aus
und läßt eine einfache Prioritätszuordnung und -änderung zu.

## 6.4 Übertragungsoperationen

Die fehlerfreien Antworten- und Nachrichtenübermittlungen erfordern durch spezielle Übertragungsoperationen die exakte
Festlegung des logischen und zeitlichen Ablaufs der Übertragung zwischen Systemsteuer- und Unterstationen.

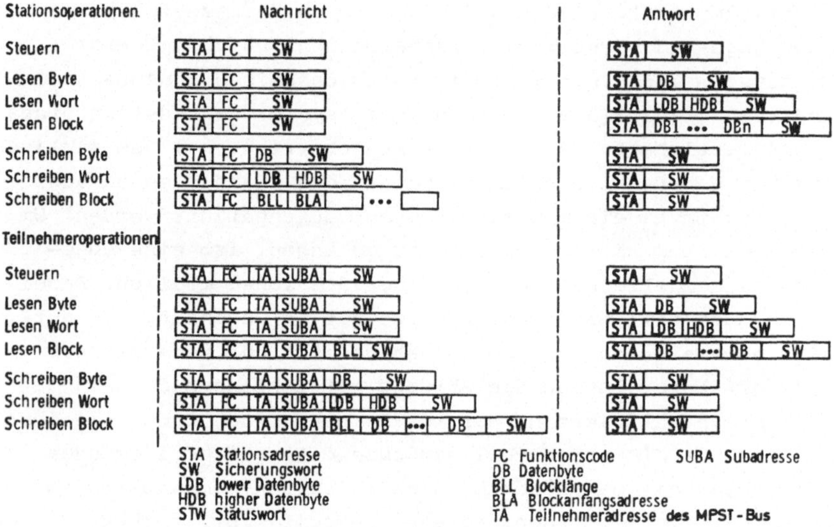

<u>Bild 6/5:</u> Übertragungsoperationen

Die Übertragungsoperationen müssen eine einfache Umsetzung
auf die des internen Bussystems (vgl. Kap. 5) ermöglichen.
Das direkte Adressieren,z.B. des NC-Programmspeichers,von der
Steuerdatenverteilebene aus, bzw. das Auslesen von Betriebsdaten oder die direkte Ausgabe von Anweisungen an das Bedienpersonal reduzieren den Organisationsaufwand im untergeord-

neten Steuersystem. Daneben ist bei kleinen Systemen mit einer informationsverarbeitenden Einheit die Verwendung von stationsbezogenen Operationen sinnvoll, da nur ein Prozessor, der alle Verarbeitungsfunktionen durchführt, angesprochen werden muß.

Über die teilnehmerbezogenen Operationen sind z.B. neue ins untergeordnete System eingefügte Teilnehmer ohne jegliche Softwareänderung im untergeordneten System über die in Kap. 5.3 definierten Übertragungsoperationen ansprechbar. Da das übergeordnete System (Datenverteilebene) die benötigten Datenformate liefert, entfällt eine zeitraubende Umcodierung.

## 6.5 Befehlsvorrat

Untersuchungen des Informationsflusses innerhalb Steuer- und Erfassungssystemen der Fertigungstechnik ergeben neben den Lese- und Schreiboperationen häufig die Funktionen Lesen und Schreiben, z.B. bei Vorgabe von Überwachungswerten, die

Bit-Positionen:
- $2^0$ — Stations-/Teilnehmeroperation
- $2^1$ — Block/Einzelwort-Transfer
- $2^2$ — Byte/16 bit-Wort-Operation
- $2^3$ — Steuer-/Lese-Schreiboperation
- $2^4 \ldots 2^7$ — codierte Grundbefehle

| $2^0$ | $2^1$ | $2^2$ | $2^3$ | $2^4$ | $2^5$ | $2^6$ | $2^7$ | Funktionscode | |
|---|---|---|---|---|---|---|---|---|---|
| O/L | X | X | 0 | 0 | 0 | 0 | 0 | Normieren | Station/Teilnehmer |
| O/L | X | X | 0 | 0 | 0 | 0 | L | Anschalten | " " |
| O/L | X | X | 0 | 0 | 0 | L | 0 | Abschalten | " " |
|  |  |  | 0 | 0 | 0 | L | L | Statusabfrage | " " |
|  |  |  | ⋮ |  |  |  |  |  |  |
| O/L | O/L | O/L | L | 0 | 0 | 0 | 0 | Schreiben | |
| • |  |  | L | 0 | 0 | 0 | L | Lesen | |
| • |  |  | L | 0 | 0 | L | L | Lesen und Schreiben | |
| • |  |  | L | 0 | L | 0 | 0 | Lesen und Löschen | |
| • |  |  | ⋮ |  |  |  |  |  |  |
|  |  |  | L | L | 0 | 0 | 0 | Wiederholung Schreiben | |
| • |  |  | L | L | 0 | 0 | L | Wiederholung Lesen | |
| • |  |  | L | 0 | 0 | L | L | Wiederholung Lesen und Schreiben | |
| • |  |  | L | 0 | L | 0 | 0 | Wiederholung Lesen und Löschen | |

Bild 6/6: Entwickelter Befehlsvorrat des ISW-Seriellbus

sich während der Überwachung verändern, sowie die Funktionen
Lesen und Löschen bei der Meßwerterfassung. Daneben sind
Organisationsbefehle z.B. Normierbefehle, das An- und Abschalten beim Systemstart bzw. im Fehlerfall von Wichtigkeit,
da nur die übergeordnete Ebene den Gesamtprozeßzustand, z.B.
den Fertigungszustand eines Werkstücks, kennt. Die Statusabfrage erlaubt eine Abfrage des Systemzustandes eines Teilnehmers. Wiederholungsbefehle sind bei Datenübertragungsfeh-
lern notwendig.

Da nicht alle 256 möglichen Verschlüsselungen zur Befehlsco-
dierung benötigt werden, kann der Decodieraufwand durch die
Benutzung von einzelnen funktional codierten Bits minimiert
und bei Softwareentschlüsselung z.B. durch einen Mikroprozessor günstige Antwortzeiten erreicht werden. Die oberen
fünf Bitstellen kennzeichnen je nach Valenz O oder L acht
mögliche Busoperationen. Die unteren vier Bitstellen codieren
die in Bild 6/6 dargestellten Grundfunktionen.

## 6.6 Bestimmung der optimalen Blocklänge, der Wiederholzahl und der Datenkanalausnutzung

Bei gegebener Bitfehlerwahrscheinlichkeit steigen die Übertragungsfehler mit zunehmender Blocklänge an. Dadurch wird der
Datenkanal durch Wiederholungen immer schlechter ausgenützt.
Gleichzeitig führen jedoch größere Blöcke zu einer größeren
Effizienz (Verhältnis von Nutzdatenbits zu insgesamt zu übertragenden Bits) und damit zu einer größeren Datenkanalausnutzung. Aus diesem Grund ergibt sich bei einer bestimmten
optimalen Blocklänge die größte Datenkanalausnutzung $Y_K$.
Es gilt:

$$Y_K = \frac{n_N}{n_{\ddot{U}} \cdot EW} = \frac{EZ_{ISWSB}}{EW} \qquad (6.11)$$

mit $n_N$        : Anzahl der Nutzdatenbits im Block

     $n_{\ddot{U}}$        : Anzahl der insgesamt pro Block zu
                  übertragenden Bits

EW : Erwartungswert der Anzahl der Übertragungen
(mittlere Übertragungszahl)

$EZ_{ISWSB}$ : Effizienz des ISW-Seriellbus

Um die optimale Blocklänge zu bestimmen, wird im weiteren die
Effizienz des ISW-Seriellbus und der Erwartungswert der Anzahl der Übertragungen ermittelt.


## Effizienz

In Bild 6/7 ist die Effizienz bei Datenblöcken, wie sie vorwiegend zwischen Steuerdatenverteil- und Steuerdatenverarbeitungsebene zu transferieren sind, dargestellt. Vorausgesetzt
sind die Teilnehmeroperationen „Schreiben Block" und „Lesen
Block" (vgl. Bild 6/5).

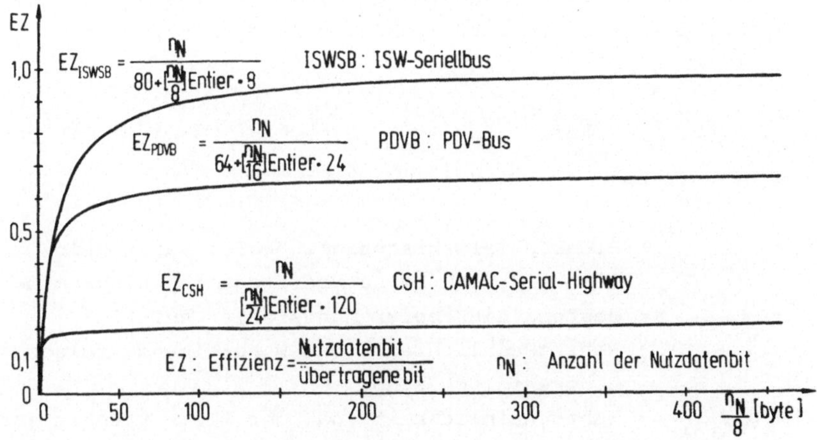


Bild 6/7: Übertragungseffizienzen verschiedener Bussysteme


Ein Vergleich mit den Effizienzen der in Kap. 4.2.9 analysierten Bussysteme zeigt die Vorteile des ISW-Seriellbus bei
größeren Datenblöcken.

<u>Erwartungswert der Anzahl der Übertragungen pro Block</u>

Der Erwartungswert stellt die mittlere Anzahl der Übertragungen dar. Bei dem vorliegenden Wiederholungsprinzip (vgl. Kap.
6.1.2) gilt bei w+1 Übertragungen :

$$EW = \sum_{w=0}^{\infty} (w+1) \cdot p_{\ddot{U}} \qquad (6.12)$$

mit $p_{\ddot{U}}$   : Wahrscheinlichkeit, daß w+1 Übertragungen notwen-
         dig sind, bis der Block fehlerfrei übertragen ist
w    : Anzahl der Wiederholungen
w+1  : Anzahl der Übertragungen

Aufgrund der geringen mittleren Bitfehlerwahrscheinlichkeit
$p_{Em} = 2,5 \cdot 10^{-5}$ ergibt sich auch bei großen Blocklängen (nach
6.5) eine geringe mittlere Restfehlerwahrscheinlichkeit. Deshalb kann für die Bestimmung von $p_{\ddot{U}}$ ein optimales Sicherungs-
verfahren, das jeden Fehler erkennt, vorausgesetzt werden.
Es gilt:

$$p_{\ddot{U}} = p_B^{\,w} \cdot (1-p_B) \qquad (6.13)$$

$$p_B = 1-(1-p_E)^{n_{\ddot{U}}} \qquad (6.14)$$

mit $p_B$     : Blockfehlerwahrscheinlichkeit; Wahrschein-
         lichkeit, daß im zu übertragenden Block min-
         destens ein Übertragungsfehler auftritt
$p_B^{\,w}$    : Wahrscheinlichkeit, daß w aufeinanderfolgende
         Blöcke falsch sind
$1-p_B$   : Wahrscheinlichkeit, daß der Block richtig ist
$(1-p_E)^{n_{\ddot{U}}}$ : Wahrscheinlichkeit, daß der Block mit $n_{\ddot{U}}$ zu
         übertragenden Bits richtig ist

Mit (6.13) gilt für (6.12):

$$EW = (1-p_B) \cdot \left[ 1 + 2p_B + 3p_B^2 + 4p_B^3 + \ldots \right]$$

$$= (1-p_B) \cdot \left[ \begin{matrix} 1 + p_B + p_B^2 + p_B^3 + \ldots \\ p_B + p_B^2 + p_B^3 + \ldots \\ p_B^2 + p_B^3 + \ldots \\ p_B^3 + \ldots \end{matrix} \right]$$

Die Ausdrücke (Zeilen) in der eckigen Klammer lassen sich mit der Summenformel einer unendlichen geometrischen Reihe darstellen:

$$EW = (1-p_B) \cdot \left[ \frac{1}{1-p_B} + \frac{p_B}{1-p_B} + \frac{p_B^2}{1-p_B} + \ldots \right]$$

$$= \frac{1-p_B}{1-p_B} \cdot \left[ 1 + p_B + p_B^2 + \ldots \right] = \frac{1-p_B}{1-p_B} \cdot \frac{1}{1-p_B}$$

$$EW = \frac{1}{1-p_B} \qquad (6.15)$$

Der Erwartungswert der mittleren Wiederholzahl ergibt sich aus (6.15) zu

$$EW-1 = \frac{p_B}{1-p_B} \qquad (6.16)$$

Mit $EZ_{ISWSB}$ nach Bild 6.7 und mit (6.15) wird (6.11):

$$Y_K = \frac{n_N}{80+(\frac{n_N}{8})\text{Entier} \cdot 8} (1-p_B)$$

Mit $n_Ü = n_N+80$ (vgl. Bild 6/5 Lesen oder Schreiben Block) ergibt sich

$$Y_K = \frac{n_N}{80+(\frac{n_N}{8})\text{Entier} \cdot 8} (1-p_E)^{80+(\frac{n_N}{8})\text{Entier} \cdot 8} \qquad (6.17)$$

Bild 6/8 zeigt den Verlauf von $Y_K$. Die günstigste Blocklänge liegt mit der hier gewählten Übertragungsoperation und $p_{E\,m}$ = 2,5·10$^{-5}$ bei 219 byte . Die NC-Programme können somit mit wenigen Blöcken optimal übertragen werden.

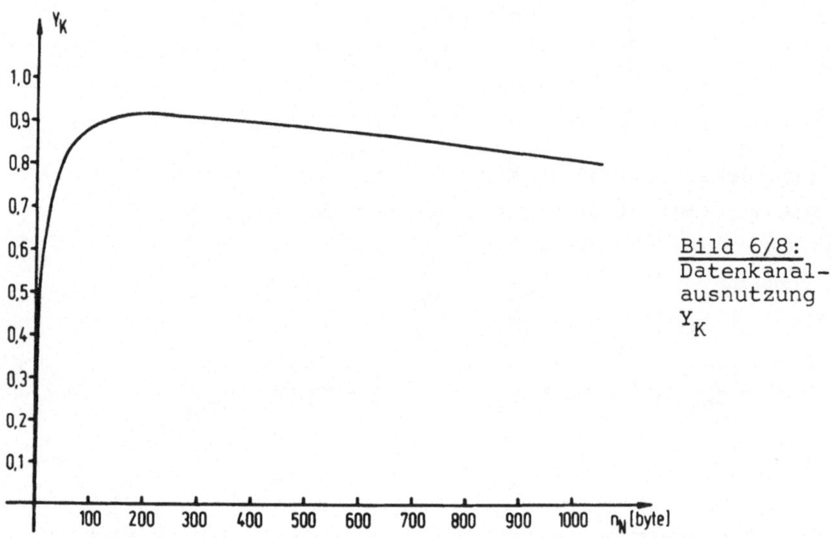


Bild 6/8:
Datenkanal-
ausnutzung
$Y_K$

Bei dieser Blocklänge läßt sich bei der Schleifbearbeitung (vgl. Tab. 6.1) die Teileausschußquote $q_{\ddot{U}T}$ aus (6.3) sogar auf den Wert 4·10$^{-7}$ reduzieren (NP = 90, BLL = 219, $p_Z$ = 2·10$^{-4}$, $z_{max}$ = 3,07·10$^{-6}$).

Um den Ausfall der Leitung oder einer Unterstation, die nicht mehr antwortet und damit für die Systemsteuerstation einen Übertragungsfehler vortäuscht, erkennen zu können, muß eine maximal zulässige Anzahl von Wiederholungen festgelegt werden. Danach wird eine Meldung an einen übergeordneten Rechner bzw. an das Bedienpersonal gegeben. Bei der ermittelten maximalen Blocklänge ergibt sich nach (6.13) für $p_{\ddot{U}}$ bei sieben Wiederholungen ein ausreichend geringer Wert, der etwa 10$^{-15}$ ist. Damit liegt mit großer Wahrscheinlichkeit beim Auftreten dieses Ereignisses ein Ausfall der Leitung oder der Unterstation vor.

## 7 Entwicklung und Realisierung von Teilnehmern zur Betriebsdatenerfassung innerhalb der Steuerdatenverarbeitungs- und Stellebene

Ziel dieses Abschnittes ist es, die im Rahmen dieser Arbeit entwickelten Teilnehmer der Steuerdatenverarbeitungs- und Stellebene mit der in Kap. 5 definierten Parallelbusschnittstelle darzustellen. Die Teilnehmer realisieren Funktionen der Betriebsdatenerfassung und koppeln die Steuerdatenverarbeitungsebene mit der übergeordneten Steuerdatenverteil- und Prozeßführungsebene. Sie werden innerhalb eines Teilsystems (vgl. Bild 7/2) erprobt.

### 7.1 Aufgabenstellung

Bild 7/1 zeigt beispielhaft die Anforderungen an die Funktion Betriebsdatenerfassung /6,38/.

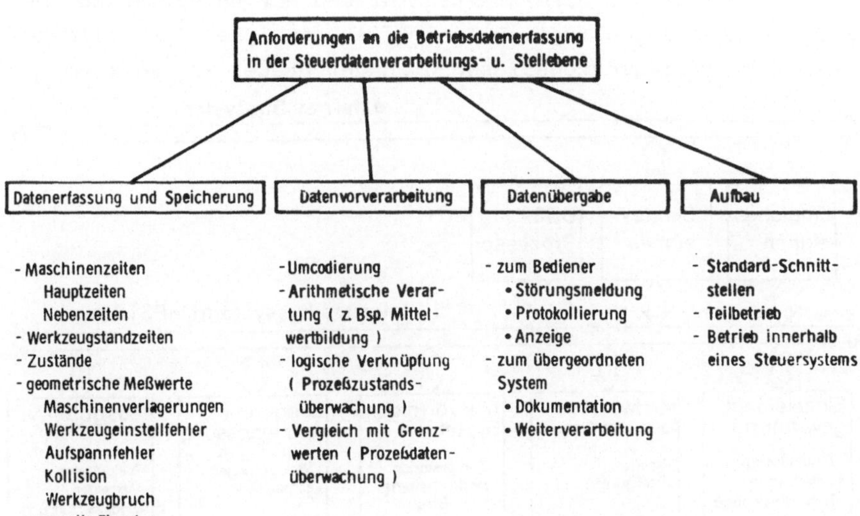


<u>Bild 7/1:</u> Anforderungen an die Funktion Betriebsdatenerfassung in der Steuerdatenverarbeitungs- und Stellebene

## 7.2 Eingriffsensor

Für die exakte, automatische Erfassung von in Bild 7/1 dargestellten Maschinenzeiten und Werkzeugstandzeiten, von geometrischen Meßwerten, bzw. für die Anschnitterkennung fehlen
bisher kostengünstige geeignete Sensoren. Im Rahmen dieser Arbeit wurde ein Eingriffsensor entwickelt, der es auf einfache
Weise gestattet, im Zusammenhang mit speziellen Teilnehmern
(vgl. Kap. 7.3.2 und 7.3.4) diese Kenngrößen automatisch zu
erfassen. Der Sensor erkennt ab einer Mindestdrehzahl mit
geringster Verzögerung den Eingriff des Werkzeugs in ein
elektrisch leitendes Werkstück. In /39/ ist seine Wirkungs-
weise und eine geeignete Auswerteschaltung, welche die binären
Signale "Im Eingriff" und "Anschnitt" liefert, dargestellt.

## 7.3 Teilnehmer zur Betriebsdatenerfassung

Bild 7/2 zeigt die Hardwarestruktur und die entsprechend den
Aufgabenstellungen (vgl. Bild 7/1) zu entwickelnden Teilnehmer  zur Betriebsdatenerfassung in der Steuerdatenverarbei-

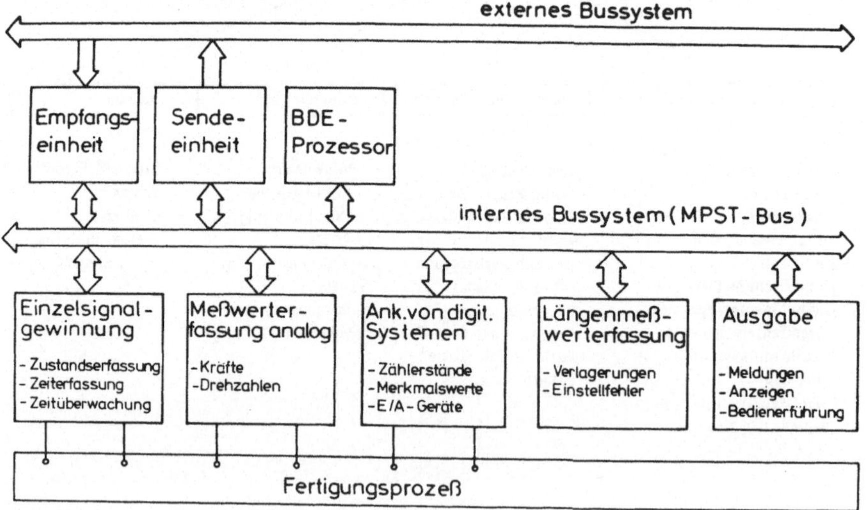


<u>Bild 7/2:</u> Hardwarestruktur und Teilnehmer zur Betriebsdaten-
erfassung

Datenvorverarbeitung, Datenspeicherung und Datenübergabe (vgl.
Bild 7/1) stellen logische, arithmetische und organisatorische Aufgaben, die einen informationsverarbeitenden aktiven
Teilnehmer mit Mikroprozessor (vgl. Kap. 5.1) erfordern.
Daneben müssen spezielle aufgabenspezifische passive Teilnehmer die Erfassungs- und Übertragungsfunktionen durchführen
(vgl. Bild 7/1). Um die in Kap. 3 gestellte Forderung des
Teilbetriebs sowie der Integration in das modulare Steuersystem zu erfüllen, muß der BDE-Prozessor die komplette Verwaltung und die Datenverarbeitungsfunktionen der passiven
Teilnehmer übernehmen (vgl. Kap. 5.1).

### 7.3.1 BDE-Prozessor

#### Hardwareaufbau des BDE-Prozessors

In Bild 7/3 ist der Hardwareaufwand des "BDE-Prozessors" dargestellt. Eine erste Version verwendet den Mikroprozessortyp
8080. In einem zweiten Aufbau wurde aufgrund der besseren
Eigenschaften der Mikroprozessortyp Z80 eingesetzt (vgl.
Kap. 7.4).

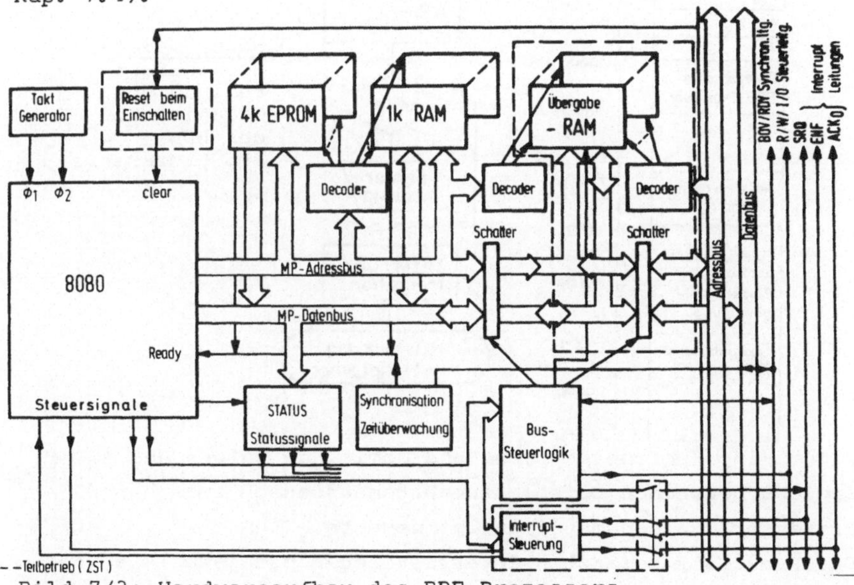


Bild 7/3: Hardwareaufbau des BDE-Prozessors

Programmabschätzungen für den beschriebenen Anwendungsbereich ergeben 4k-byte Programm- und 1k-byte Datenspeicher. Über eine Betriebsartenumschaltung kann er entweder in einer Mehrprozessorsteuerung mit Adressierung oder im Teilbetrieb als Zentralsteuerwerk betrieben werden. Ein Übergabespeicher erlaubt eine effiziente Datenübermittlung zwischen BDE-Prozessor und übergeordnetem Zentralsteuerwerk (vgl. Kap. 5.3).

## Softwareorganisation des BDE-Prozessors

Bild 7/4 zeigt die Speicheraufteilung und die Softwareorganisationsform. Die Teilnehmeradressen liegen innerhalb des 64k-byte direkt adressierbaren Speicher-Adreßraumes. Dies ermög-

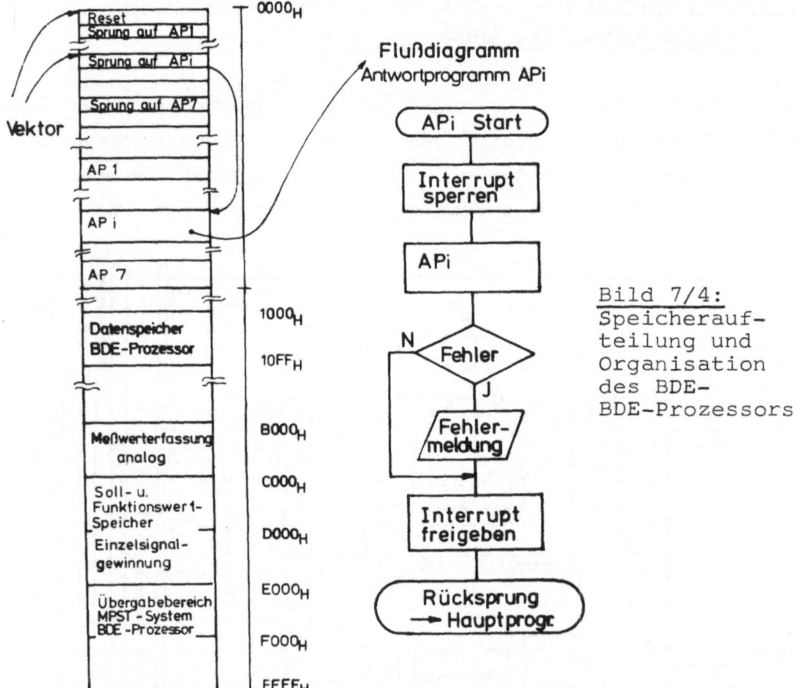


Bild 7/4:
Speicheraufteilung und Organisation des BDE-BDE-Prozessors

licht eine Speicherkopplung und damit die Verwendung aller speicherbezogenen Befehle zum Datenaustausch zwischen BDE-Prozessor und den passiven Teilnehmern.

Der Prozessor besitzt 8 Interruptebenen mit jeweils 8 Speicherzellen für Antwortprogramme. Da im vorliegenden Fall die

acht Zellen für das gesamte Antwortprogramm nicht ausreichen,
wird bei auftretendem Interrupt sofort aus diesem Speicherbereich auf das entsprechende Interrupt-Antwortprogramm gesprun-
gen. Diese Programme wurden dabei so kurz aufgebaut und auf
den Prozeß abgestimmt, daß maximale Reaktionszeiten von z.B.
1 ms eingehalten werden, obwohl die Programme nicht unter-
brechbar sind. Dieses Ausnützen der Mikroprozessorarchitektur
ergibt ein äußerst einfaches Verwaltungsprogramm.
In der rechten Bildhälfte ist beispielhaft die Struktur eines
Antwortprogramms dargestellt.
Die Teilnehmeradressen und Übergabespeicherbereiche wurden wegen Programmerweiterungsmöglichkeiten in den oberen Teil des
64k-Speichers gelegt.

## 7.3.2 Einzelsignalgewinnung

Die Analyse einiger im Betrieb befindlicher Fertigungseinrichtungen  ergab die in Tabelle 7/1 und 7/2 dargestellte Häufig-
keit von Fehlern.
Der hohen Ausfallrate von elektrischen Signal- und Stellgliedern ist besondere Aufmerksamkeit zu schenken. Eine direkte
Überwachung jedes Signals durch einen eigens dafür installier-
ten Geber ist aus Kostengründen nicht möglich. Dagegen erlaubt ein indirektes Erfassen durch Zeitüberwachung erwarte-
ter Istwertrückmeldungen eine kostengünstige Realisierung.
Hierzu genügt es die Signaleingänge der Maschinensteuerung
zu überwachen. Bei einzelnen Maschinentypen müssen bis zu
100 Eingänge erfaßt werden. Neben dieser Zeitüberwachung sind
die in Bild 7/1 dargestellten Maschinenzeiten sowie Werkzeugstandzeiten für die übergeordnete Prozeßführungsebene teilweise automatisch über den Eingriffsensor (s. Kap. 7.2) bzw.
manuell durch Tastendruck zu erfassen. Andere Einzelsignale
müssen Zählerstände hochzählen (Stückgutzählung) oder Stö-
rungsmeldungen bei Zustandsänderungen erzeugen.

Aufgrund der Vielzahl der möglichen Eingänge wurde ein auf
diese Funktionen zugeschnittener passiver,alarmfähiger Teil-

nehmer (Bild 7/5) mit autonomem Steuerwerk entwickelt.
Dieser führt eine vom BDE-Prozessor einstell- und startbare
zyklische Meßstellenabfrage durch und synchronisiert den
Datenaustausch von und zum gemeinsamen Speicherbereich, der
im Zeitmultiplexbetrieb vom BDE-Prozessor und dem Einzelsignalsteuerwerk benutzt wird.

| Fehler an mechanischen Baugruppen | sehr häufig | häufig | selten |
|---|---|---|---|
| _ mechanische Signalglieder<br>. Nocken<br>. hydraulische und pneumatische Grenztaster |  | x | x |
| _ mechanische Steuerglieder<br>. Wegeventile<br>. Servoventile |  | x | x |
| _ mechanische Stellglieder<br>. Wegeventile<br>. Kupplungen<br>. Motoren |  |  | x<br>x<br>x |
| _ mechanische Antriebsglieder<br>. Motoren<br>. Zylinder<br>. Elektromagnete |  |  | x<br>x<br>x |
| _ Arbeitsglieder<br>. Bohrspindeln<br>. Schlitten<br>. Spannvorrichtungen |  |  | x<br>x<br>x |

Tabelle 7/1: Fehler an mechanischen Baugruppen

| Fehler an elektrischen Baugruppen | sehr häufig | häufig | selten |
|---|---|---|---|
| _ elektrische Signalglieder :<br>. Drucktaster<br>. Druckschalter<br>. elektrische Grenztaster | x | x<br>x |  |
| _ Verbindungen<br>. lösbare Verbindung<br>. feste Verbindung |  | x | x |
| _ elektrische Steuerglieder<br>. Hilfsschütze<br>. Zeitrelais | x | x |  |
| _ elektrische Stellglieder<br>. Schütze<br>. Motoren |  |  | x<br>x |
| _ elektrische Antriebsglieder<br>. Motoren<br>. Elektromagnete |  | x | x |
| _ elektronische Bauelemente<br>. Leistungstransistoren<br>. sonstige Halbleiterbauelemente |  | x | x |

Tabelle 7/2: Fehler an elektrischen Baugruppen

Um flexibel bezüglich Art und Umfang Meßstelle und Verar-
beitungsfunktion (s.o.) zuordnen zu können, bestimmt der
BDE-Prozessor die Verarbeitungsfunktionen durch Laden der
entsprechenden Funktionsspeicherzellen. Je nach programmierter Funktion ergeben sich die in Bild 7/6 dargestellten Ablauffolgen mit denen sich die geforderten Daten
wie Zeitanteile, Zeit- und Zustandsüberwachungen und Zähl-
werte erfassen lassen. Aufgrund des zyklischen Betriebes
sind Zustandsänderungen nur während einer Meßstellenbearbei-
tungszeit (vgl. Bild 7/6) vom Steuerwerk verfügbar. Sie werden
in einem vom BDE-Prozessor lesbaren FIFO-Speicher zwischenge-

speichert und damit BDE-Prozessor und das Steuerwerk zeitlich
entkoppelt.

Nachdem die Meßstellenabfrage gestartet ist (siehe Bild
7/6), zählt der steuerwerksinterne Zählertakt $T_{AZ}$ den Meß-
stellenadreßzähler um eins hoch. Die Synchronisierung des
hardwaremäßigen Scanners und der asynchronen hochprioren
Prozessorzugriffe erfolgt mit geringsten Wartezeiten für
den Prozessor durch zyklisch wiederkehrende Zugriffszeit-
punkte. So stehen nach $T_{AZ}$ zwei Takte für einen Prozessorzugriff zum gemeinsamen Speicherbereich zur Verfügung, die
einen Schreib-Lese-Zyklus ermöglichen. Andernfalls wird die
Bearbeitung der Meßstelle durchgeführt. Trifft während der
Meßstellenbearbeitung ein Prozessorzugriff ein, hält ihn das
Einzelsignalsteuerwerk über die "Ready Leitung" bis zum Zeit-
fenster $T_{PZ}$ in Warteschleifen.

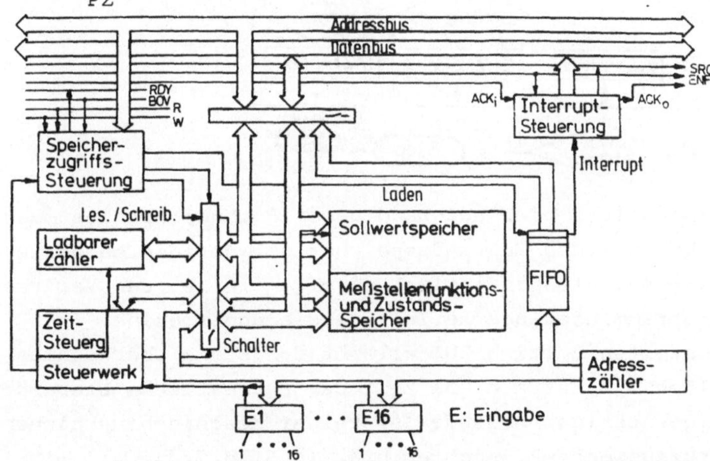


Bild 7/5: Aufbau des Teilnehmers für Einzelsignalgewinnung

Dieses Zeitmultiplexverfahren hat den Vorteil, daß der Mikroprozessor nur angehalten wird, wenn er auf den gemeinsamen
Datenspeicherbereich zugreift und gerade eine Meßstellenbearbeitung vorliegt.

Bild 7/7 zeigt das dem Teilnehmer "Einzelsignalgewinnung"
zugeordnete Verarbeitungsprogramm im Mikroprozessor, das die
geforderten Zeit- und Ablaufüberwachungen ermöglicht.

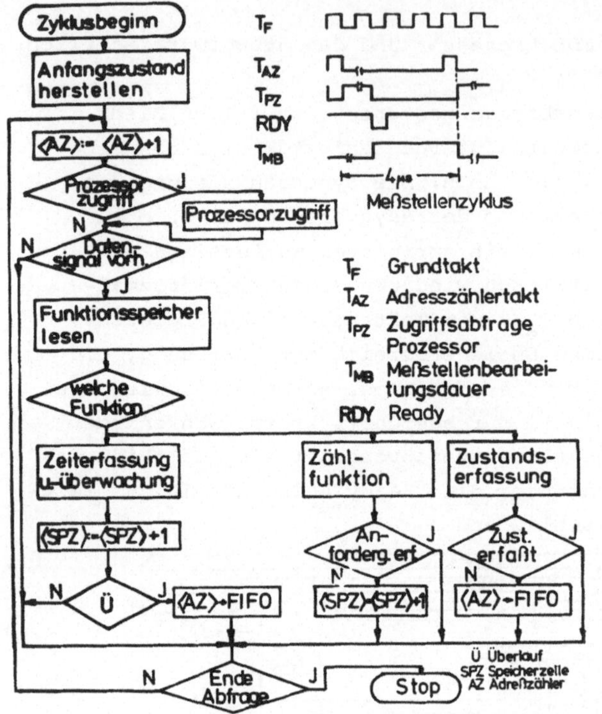



Bild 7/6:
Ablauffolgen im
Teilnehmer
Einzelsignal-
gewinnung

Beim Einschalten oder aufgrund eines Rechnerbefehles müssen
die Funktions- und Zustandsspeicher auf definierte Werte gesetzt werden. Dies realisiert eine generelle, dem Verarbeitungsprogramm überlagerte,Initialisierungsroutine.
Die Meßstellenfunktion ZUE erlaubt durch die Überwachung der
Meßstellen auf Zustand und Zeit das automatische Überprüfen
von folgerichtigen Abläufen einzelner Maschinenfunktionen
wie Werkzeugwechsel, Richten u.ä. (s.Bild 7/7).

Der Teilnehmer erfaßt bei programmierter Funktion ZUE die
Zustandsänderung, z.B. den Beginn einer Ablauffolge und mel-
det dem Prozessor die entsprechende Adresse. Daraufhin kon-
trolliert der BDE-Prozessor über ein einfaches Programm den
folgerichtigen Ablauf durch Vergleichen der eingelesenen
Prozeßadresse $PA_i$ mit der in einer Liste abgespeicherten
Solladresse $SA_i$ und lädt den dem Teilablauf entsprechenden
Zeitsollwert in den Sollwertspeicher.

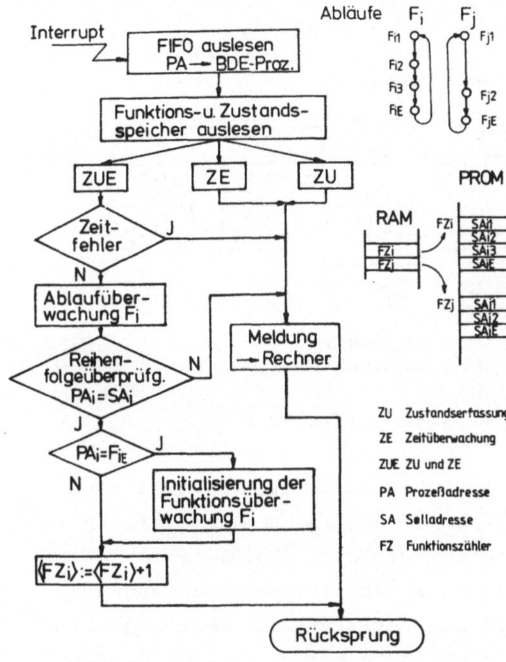


**Bild 7/7:**
Überwachungs-
Programm für
den Teilnehmer
Einzelsignal-
gewinnung

Damit sind auch die in Tabelle 7/1 und 7/2 dargestellten Fehler, z.B. defekte elektrische Grenztaster und Zeitrelais teilweise automatisch erkennbar und lokalisierbar, indem eine Zeitüberschreitung eine Fehlermeldung an den Rechner generiert.

Am Ende des Ablaufs initialisiert der Prozessor die Ablaufüberwachung $F_i$, indem er den Funktionszähler $F_i$ lädt und die Zustandsbit im Zustandsspeicher für eine erneute Überwachung vorbereitet.

## 7.3.3 Meßwerterfassung analog

Die Überwachung von Drehzahlen, Drehmomenten, Kräften u.ä. erfordert eine Analogeingabe. Hierfür wurde ein passiver Teilnehmer mit einem hochintegrierten Baustein zur Analogdatenerfassung aufgebaut (Bild 7/8).

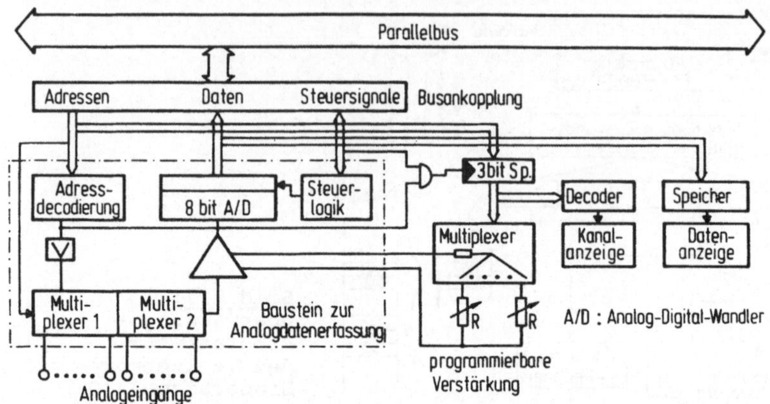


**Bild 7/8:** Teilnehmer zur Analogdatenerfassung

Durch zwei mit Adreßdecodierung integrierte Multiplexer sind
16 Analogkanäle, bezogen auf eine gemeinsame Masseleitung
oder 8 Differenzeingänge einfach wählbar. Ein 8-bit A/D-Wand-
ler ist für diesen Anwendungsfall der Grenzwertüberwachung
ausreichend. Zur Eichung und zur Verstärkereinstellung wird
der Digitalmeßwert und der angewählte Kanal angezeigt. Die
starke Streuung der Analogsignalpegel erfordert eine getrennte Verstärkereinstellung. Hierzu schaltet ein Analogmulti-
plexer während des Adressierungsvorgangs bestimmte Potentio-
meter in den Rückkoppelungsweg des Operationsverstärkers.

## 7.3.4 Meßwerterfassung digital
### Ankopplung von digitalen Systemen mit parallelen Schnittstellen

Für das Erfassen externer digitaler Meßwerte wie Zählerstände, sowie für den Anschluß von E/A-Geräten und Anzeigen wurde ein passiver Teilnehmer,der aus drei programmierbaren
Mikroprozessor-E/A-Bausteinen /40/ und der Buskopplung besteht, aufgebaut (Bild 7/9). Das im Baustein vorgesehene Alarmsystem benötigt einen sehr geringen Koppelaufwand zum Alarmsystem des internen Parallelbusses. Das Einstellen der Alarm-
funktion und das softwaremäßige Laden des Vektors ermöglicht

eine freizügige Zuordnung Teilnehmer und Programm im BDE-
Prozessor. Die bezüglich der Richtung einzeln programmierbaren
Datenkanäle, die les- und schreibbaren internen Register und
die programmierbaren Vektoren einzelner Alarmquellen gestatten es, Zustandskontrollen externer Geräte zu erfassen und
damit eine einfache Fehlererkennung und -behandlung durchzuführen (vgl. Kap. 7.3.5).

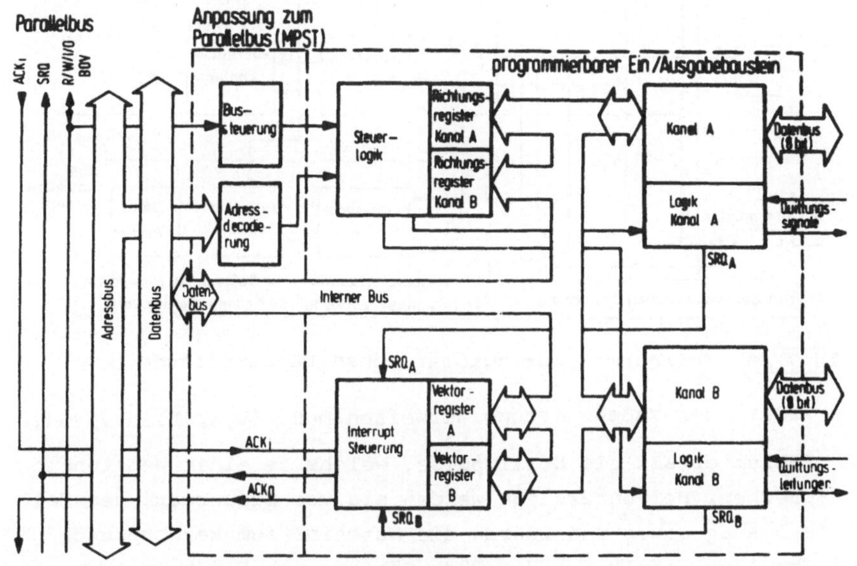


**Bild 7/9:** Teilnehmer zum Ankoppeln von digitalen
Systemen mit Parallelschnittstelle

## Längenmeßwerterfassung

Die geometrischen Meßwerte (vgl. Bild 7/1), die bisher durch
zeitraubendes manuelles Messen ermittelt wurden, erfaßt der
in Bild 7/10 dargestellte Teilnehmer im Zusammenhang mit dem
Eingriffsensor automatisch.
Er zeichnet sich durch einen geringen Aufwand aus, da er die
in numerischen Steuerungen üblichen Komponenten eines digitalen Lagereglers mit inkrementellem Wegmeßsystem zur Messung
mitbenutzt. Um gegen ein definiertes Vergleichsmaß zu messen,
muß die Steuerung das Werkzeug gegen einen definierten Be-
zugspunkt positionieren. Der erforderliche Soll-Ist-Vergleich
erfolgt auf einfache Weise in einem Vor-Rück-Zähler, der nur

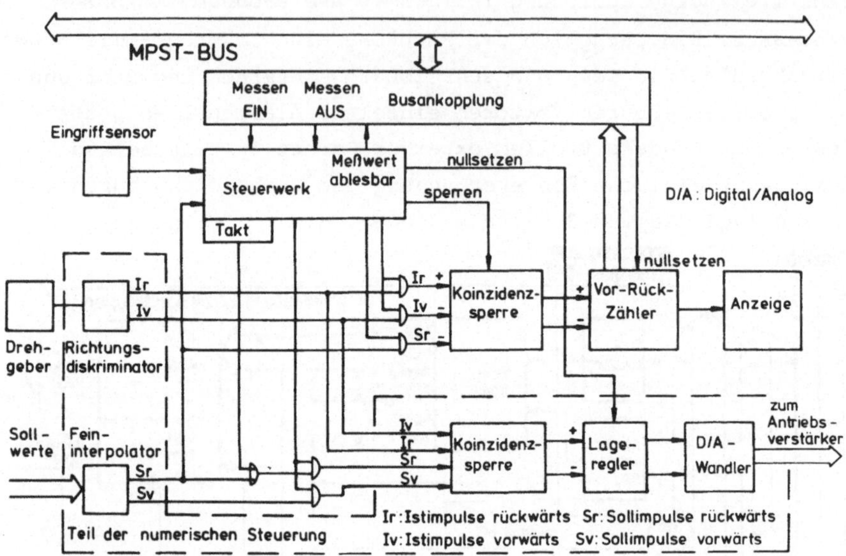



**Bild 7/10:** Teilnehmer zur automatischen Längenmessung

die Breite der Maßabweichung aufweisen muß (vgl. Bild 7/10).

Der Zähler erfaßt die Sollimpulse, welche je einer Wegeinheit entsprechen. Bei Unterlänge werden sie vom Steuerwerk des Teilnehmers ausgegeben und führen die Maschine zum Berührpunkt. Bei Überlänge zählt der Vor-Rück-Zähler nach Berührungserkennung die restlichen von der Steuerung noch auszugebenden Sollimpulse. Der Eingriffsensor erkennt die Berührung Werkzeug-Werkstück und stoppt sofort die Maschine, um Werkzeug und Werkstück nicht zu beschädigen. Neben diesen Längenmeßwerten erfaßt der Teilnehmer ohne Zusatzaufwand den Zustand „Anschnitt" und „Kollision".

## 7.3.5 Empfangs- und Sendeeinheiten für die externe Datenübertragung

## 7.3.5.1 Serielle Empfangs- und Sendeeinheit

Zur Übertragung über längere Strecken dient das in Kap. 6 entwickelte serielle Bussystem. Bild 7/11 zeigt die Übertragungsaufgaben, die sich aus den im Kap. 6 definierten Kennzeichen des Bussystems ergeben.

| Datenfluß | Senden | Realisierung | Empfangen | Realisierung |
|---|---|---|---|---|
| ⬇ | - Datenverarbeitungsfunktionen o<br>  Übertragungsoperationen<br>  Betriebsart | Software | - Demodulation des Ternärcode in Empfangstakt und Empfangsdaten •<br>- Seriell/Parallel-Wandlung •<br>- Adresserkennung o<br>- Sicherungswortüberprüfung • | Hardware |
| | - Zwischenspeicherung o<br>- Parallel/Seriell-Wandlung •<br>- Sicherungsworterzeugung •<br>- Modulation •<br>  Erzeugung des Ternärcode aus Daten und Sendetakt | Hardware | - Datenverarbeitungsfunktionen o<br>  Befehlsdecodierung<br>  Befehlsausführung | Software |
| | • Bitverarbeitung     o Wortverarbeitung | | | |

**Bild 7/11:** Übertragungsaufgaben des seriellen Bussystems

Die Aufteilung und Realisierung dieser Aufgaben in Hard- und
Software hat neben einer preisgünstigen und zeitoptimalen
Verwirklichung hauptsächlich unter dem Gesichtspunkt der
Standardisierbarkeit und Wiederverwendbarkeit der entwickelten Hard- und Software zu erfolgen. Besonders die zu übertragenden Datenblöcke und die in Kap. 6.5 ermittelten Befehle
sollten erweiterbar und auch für andere Schnittstellen zu verwenden sein. Das Lösen der bitverarbeitenden Aufgaben (vgl.
Bild 7/11) über Programmteile eines Ein-Chip-Mikroprozessors
ergibt aufwendige Programme und führt zu äußerst geringen
Übertragungsraten. Die Datenverarbeitungsfunktionen,wie das
Zusammensetzen und Bereitstellen der Daten (vgl. Bild 7/11),
sind dagegen optimal in einem aktiven Teilnehmer mit Mikroprozessor lösbar. Aus diesen Gründen wurden zwei passive Teilnehmer, die "serielle Sendeeinheit" und die "serielle Empfangseinheit" (vgl. Bild 7/12 und Bild 7/13),entwickelt.
Sie führen die bitverarbeitenden Funktionen (vgl. Bild 7/11)
und die Datenspeicherung durch. Beim Empfang wird zur Entlastung des Mikroprozessors im übergeordneten aktiven Teilnehmer,zusätzlich die bei jeder Nachricht bzw. Antwort notwendige Adreßerkennung über Hardware im Teilnehmer "serielle Em-

pfangseinheit" durchgeführt. Ein aktiver Teilnehmer realisiert die wortstrukturierten Datenverarbeitungsfunktionen.

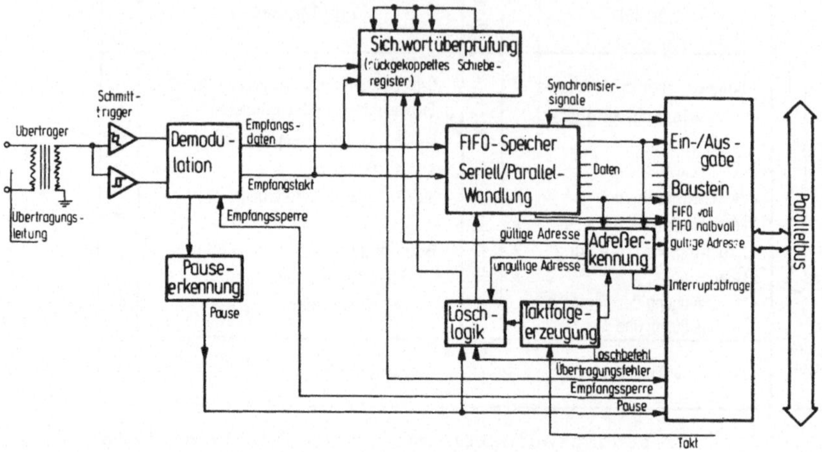


**Bild 7/12:** Teilnehmer "serielle Empfangseinheit"

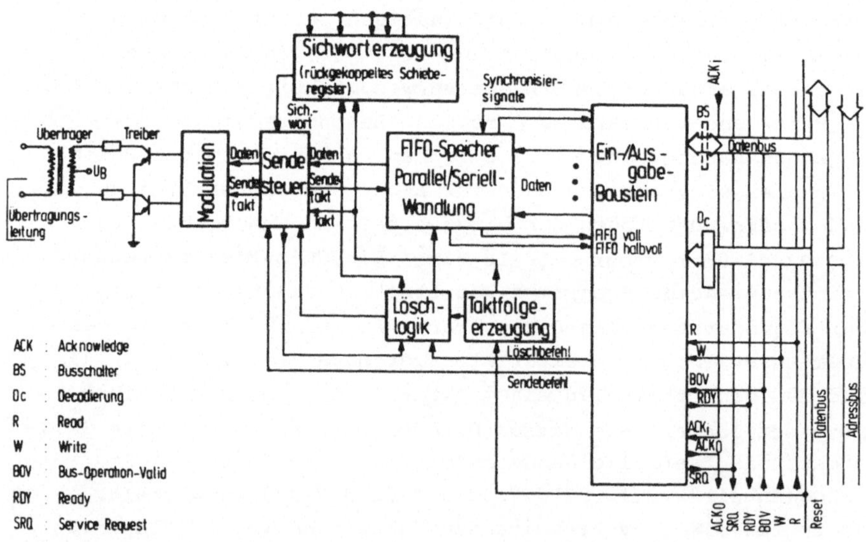




**Bild 7/13:** Teilnehmer "serielle Sendeeinheit"

Diese Aufgabenteilung ermöglicht eine optimale Anpassung der
unterschiedlichen Wort-Übertragungsraten des internen Parallel-

bus auf die des externen Seriellbus. So hat der steuernde
Prozessor (z.B. BDE-Prozessor) die serielle Sendeeinheit lediglich mit den Daten der Nachricht bzw. Antwort zu versorgen (vgl. Kap. 6, Bild 6/5) und die Übertragung durch Übermitteln eines Sendebefehls zu starten. Daraufhin führt diese
vollkommen selbsttätig die Nachrichtenübermittlung mit den in
Bild 7/11 dargestellten Aufgaben durch. Dadurch kann der FIFO
(vgl. Bild 7/13) zunächst geladen und z.B. aufgrund einer
später stattfindenden Abfrage durch die übergeordnete Systemsteuerung nur durch Ausgabe des Sendebefehls gestartet werden. Dieses Verfahren führt zu äußerst geringen Antwortzeiten
in den Unterstationen. Die Empfangseinheit meldet dem übergeordneten Prozessor lediglich zwischengespeicherte, abholbe-
reite Datenblöcke, die dieser dann mit maximaler Übertragungs-
frequenz über den internen Parallelbus einlesen und interpre-
tieren kann.

Um den Entwicklungs-, Fertigungs- und damit Kostenaufwand der
Teilnehmer zu reduzieren, wurde versucht für die einzelnen
Aufgaben LSI-Schaltkreise einzusetzen (vgl. Bild 7/12 und
7/13). 32 x 8-bit FIFO-Speicher führen zusätzlich zur Zwischenspeicherung die Parallel-Seriell und Seriell-Parallel-
Wandlung durch. Ein Baustein zur Sicherungsworterzeugung und
-überprüfung realisiert das in Kap. 6.1.2 dargestellte Generatorpolynom, erzeugt die Kontrollstellen, bzw. zeigt einen
Übertragungsfehler an. Der programmierbare Ein/Ausgabebau-
stein (vgl. Kap. 7.3.4) wird wegen seinen vielen über Steuerworte flexibel einstellbaren Funktionen sowie des geringen
Koppelaufwandes zur Kopplung der FIFO's, zur Statussignal-
eingabe an den aktiven Teilnehmer und zur Befehlsausgabe vom
aktiven Teilnehmer verwendet.
Die restlichen in Bild 7/12 und 7/13 dargestellten Baugruppen mußten mit MSI-Schaltkreisen realisiert werden. Die Sen-
desteuerung taktet aufgrund eines Sendebefehls selbsttätig
die Nachrichtenstellen aus dem FIFO und stellt bei leerem FIFO
weitere 16 Takte zur Verfügung,welche die 16 Kontrollbits aus
dem Baustein zur Sicherungsworterzeugung herausschieben und
an das Nutzwort anhängen.

Um größtmögliche Flexibilität zu erhalten und um die geforderten langen Datenblöcke,z.B. Teil-NC-Programme,übertragen zu können, sind zwei Übertragungsverfahren auf den Teilnehmern verwirklicht. Sie ergeben sich entsprechend der Verwendung der Signale "FIFO voll" und "FIFO halbvoll" und sind durch Programmierung der E/A-Bausteine über Steuerworte flexibel einstellbar. Beim Fall 1 können durch den 32 x 8 bit FIFO begrenzte Datenblöcke übertragen werden, wie sie besonders bei Rückmeldeinformationen aus der Steuerdatenverarbeitungsebene zu übergeordneten Ebenen (vgl. Tab. 3/2) charakteristisch sind. Hier löscht der Teilnehmer "serielle Empfangseinheit" im Fehlerfall selbsttätig die Daten (vgl. Löschlogik in Bild 7/12) und entkoppelt dadurch den übergeordneten aktiven Teilnehmer, dem nur überprüfte Daten gemeldet werden. Dies ist möglich, da die übergeordnete Systemsteuerung aufgrund des Ausbleibens der Antwort automatisch eine Wiederholung durchführt (vgl. Kap. 6.1.2).

Der Übertragungsfall 2 gestattet Wechselpufferbetrieb, der für das Übertragen von NC-Programmen günstig ist. Bei halbvollem FIFO liest der aktive Teilnehmer einen Datenblock aus der seriellen Empfangseinheit und speichert ihn zwischen. Am Ende der Nachricht (Pause-Erkennung) muß der aktive Teilnehmer den Zustand Übertragungsfehler noch einmal auf Richtigkeit abfragen, da erst zu diesem Zeitpunkt die vollständige Information überprüft ist. Um nicht fälschlicherweise ein Pause-Signal zu erzeugen, fordert die bei der am Datenaustausch beteiligten Sendeeinheit ein zeitrichtiges Nachladen des FIFO. Dies erfolgt auf einfache Weise und vollkommen zeitunkritisch durch das Signal "FIFO halbvoll", das einen Alarm auslöst und den übergeordneten aktiven Teilnehmer auffordert, 16 x 8 bit nachzuladen. Falls aufgrund eines übertragenen Datenblocks nach einer bestimmten Zeitspanne keine Wiederholung seitens der Systemsteuerung eintrifft, kann der aktive Teilnehmer den intern abgespeicherten Datenblock überschreiben.

## 7.3.5.2 Parallele Empfangs- und Sendeeinheit

Für kurze mittlere Teilnehmerabstände, die kleiner 10 m sind,
(vgl. Bild 4/7) oder für eine schnelle Datenübermittlung
wurde eine parallele externe Bus-Schnittstelle aufgebaut.
In /41/ ist die Struktur des Teilnehmers und das Prinzip der
Datenübertragung dargestellt.
Der Befehlsvorrat der externen Parallelbusschnittstelle ist
identisch mit dem des in 6. entwickelten seriellen Übertragungssystems (s. Bild 6/6). Bei gleicher interner Hardware-
schnittstelle (MPST-Bus) sind dann die Treiber - sowie die
Befehlsentschlüsselungs- und Ausführungsprogramme unabhängig
von der verwendeten bitseriellen oder bitparallelen Schnittstelle gleich und die Teilnehmer ohne Softwareänderung
tauschbar. Damit ist die dem Teilnehmer zugehörige Software
für beide Teile nur einmal zu entwickeln. Dies reduziert er-
heblich den Entwicklungsaufwand und vereinfacht die Handhabung.

## 7.4 Erprobung einzelner Teilnehmer

Die in Kap. 7 entwickelten Teilnehmer sind neben einer Integration in ein modulares Steuersystem entsprechend der eingangs gestellten Forderung auch für den Einsatz an Maschinen
mit anderen Steuersystemen geeignet. Der BDE-Prozessor als
aktiver Teilnehmer kann im Teilbetrieb (vgl. Kap. 5.1 und
Bild 7/2) mit den in 7.3 vorgestellten passiven Teilnehmern
an jeder Fertigungseinrichtung bzw. an jedem Ort die Daten
erfassen und diese über die entwickelten externen Schnittstellen einem übergeordneten System zur Verfügung stellen. Die
folgenden zwei Einsatzbeispiele zeigen derartige Fälle auf.
Sie erhöhen den Einsatzbereich der Teilnehmer wesentlich.

## 7.4.1 Erprobung einzelner Teilnehmer an einer numerisch gesteuerten Fräsmaschine

An einer am Institut für Steuerungstechnik aufgebauten Fräsmaschine ist ein System in der Konfiguration nach Bild 7/2 mit den Teilnehmern "BDE-Prozessor", "Parallele Sende- und Empfangseinheit", "Einzelsignalgewinnung", "Meßwerterfassung analog", "Meßwerterfassung geometrischer Werte" sowie der Eingriffsensor eingesetzt (vgl. Kap. 7.2 u. 7.3).
Der BDE-Prozessor steuert das Gesamtsystem und führt die Datenverarbeitungsfunktionen durch. Aufgrund der geringen Entfernung (ca. 20 m) wurde die "Parallele Sende- und Empfangseinheit" eingesetzt (vgl. Kap. 7.3.5.2).
Der Eingriffsensor, der Teilnehmer Einzelsignalerfassung und Programmteile im BDE-Prozessor erfassen automatisch Haupt-, Neben- und Werkzeugstandzeiten und überwachen Funktionsabläufe wie Werkzeugwechsel, Spindelrichten und Gebriebeschalten. Der Teilnehmer "Meßwerterfassung analog" überwacht Temperaturkennwerte der Maschine. Über Funktionstasten und Eingabeschalter können manuell Prozeßzustände (Rüsten, Warten auf Werkstück usw.) eingegeben werden. Der Teilnehmer "Längenmeßwerterfassung" erlaubt automatisches Messen in der Maschine und ermöglicht eine automatische Produkt- und Prozeßüberwachung.

## 7.4.2 Erprobung einzelner Teilnehmer in einem System zur Fertigungsdatenerfassung

Das folgende Beispiel verdeutlicht einen Einsatzfall der in den Fertigungsbetrieben immer mehr an Bedeutung gewinnen wird. In der Fertigungstechnik werden in der Regel die Rückmeldedaten über den Fertigungsablauf off line auf einem Datenträger, z.B. ablochbaren Belegen, gespeichert, die dann stapelweise verarbeitet werden. Schwerwiegende Nachteile sind der große zeitliche Abstand zwischen Anfall und Auswertung der Daten. Interaktive Systeme, die einen Mensch-Rechnerdialog, eine Bedienerführung und die teilweise automatische Datenerfassung erlauben, bieten die besten Voraussetzun-

gen diese Nachteile zu vermeiden. Durch die on line-Kopplung
mit einem Rechner ist bei Prozeßänderungen eine schnelle und
automatisch durchführbare Änderung der im Rechner geführten
Dateien möglich.

| Daten \ Bereich | Fertigungs-planung | Fertigungs-steuerung | Fertigungs-Überwachung | Wartung- u. Instandhaltung | Kosten-ermittlung | Lohn-ermittlung |
|---|---|---|---|---|---|---|
| **Auftragsdaten** | | | | | | |
| ·Auftragsfortschritt | | X | X | | | |
| ·Mengen | | X | X | X | X | |
| ·Maschinen-belegungszeiten | X | X | | | | |
| **Personaldaten** | | | | | | |
| ·Anwesenheitszeit | | | | | | X |
| ·gefertigte Stückzahl | | | | | X | X |
| **Transportdaten** | | | | | | |
| ·Anzahl der Transporte | | | | X | X | |
| ·Transportzeiten | | X | | | X | |
| ·Störungen im Transportsystem | | X | X | X | | |
| **Maschinendaten** | | | | | | |
| ·Zeitanteile | X | | | X | X | |
| ·Störungen | | X | X | X | | |
| ·Bauteil-, Funktions-zustände | | | | X | | |
| **Werkstückdaten** | | | | | | |
| ·Fertigungszustände | | X | X | | | |
| ·Maschinenbelastung | X | X | | | | |
| **Werkzeugdaten** | | | | | | |
| ·Verschleiß | | | X | X | | |
| ·Maßabweichung | | | X | X | | |
| **Qualitätsdaten** | | | | | | |
| ·Meßwerte | | | X | | | |
| ·Prüf/Kontrollwerte | | | X | | | |

<u>Bild 7/14:</u> Betriebsdaten im Fertigungsbereich

In einem Fertigungsbetrieb sollten die in Bild 7/14 beispielhaft dargestellten Daten den einzelnen Bereichen zur Verfügung gestellt werden. Dies benötigt bis zu 100 Stationen, die
dezentral in einzelnen Fertigungshallen verteilt sind, die
Daten erfassen bzw. ausgeben und sie einem übergeordneten
Prozeßrechner übergeben. Die räumliche Verteilung von bis zu
2 km fordert bei Ausfall des Prozeßrechners ein Zwischenspeichern der Daten und ein automatisches Weiterarbeiten, genauso wie beim Ausfall einzelner Stationen. Ein diagnose-
freundlicher Aufbau soll eine automatische Fehlerdiagnose
über die räumliche Entfernung hinweg und damit Kosteneinspa-
rungen bei Wartung und Service ermöglichen. Dies erfordert

intelligente Subsysteme mit Zwischenspeicherung der Daten
und Datenvorverarbeitung. Die Systemkonfiguration,die dies
erfüllt und der Aufbau der Stationen aus einzelnen in 7.3
entwickelten Teilnehmern,zeigt Bild 7/15.

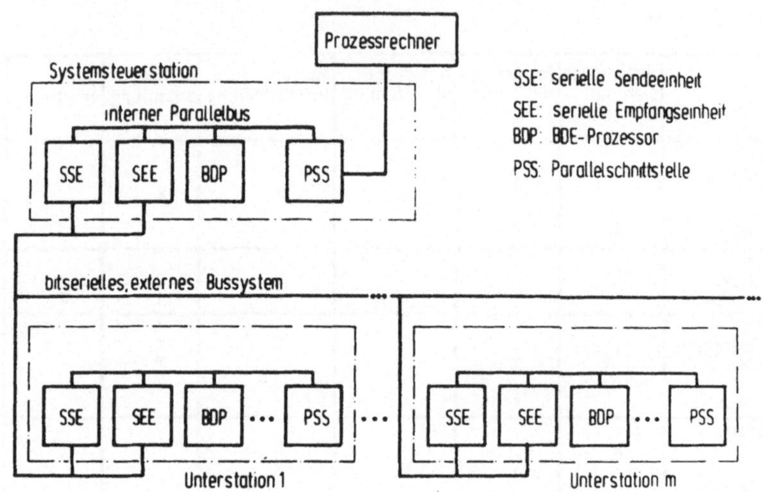


**Bild 7/15:** Struktur eines dezentralen, modular aufgebauten
Datenerfassungssystems

Für die Übertragung von und zum Rechner kam aufgrund der
räumlichen Entfernung wegen der Leitungskosten nur ein bitserielles Bussystem mit einer einzigen bidirektional betrie-
benen Leitung in Frage. Es wurde das in Kap. 6 entwickelte
Bussystem mit den Teilnehmern nach Bild 7/12 und 7/13 eingesetzt. Ein Koaxialkabel wies bezüglich Leitungsdämpfung und
Übersprechverhalten die besten Eigenschaften auf, so daß
damit ein bidirektionaler verstärkungsfreier Betrieb über
max. 2 km möglich war.
Zur Entlastung des Rechners und wegen der hohen Teilverfüg-
barkeit des Systems wurde eine Systemsteuerstation eingeführt,
die den Datenaustausch zwischen Prozeßrechner und mehreren
Unterstationen steuert und die Betriebsart realisiert (s.
Kap. 6). indem sie die Unterstationen nach einer festgelegten Priorität ständig zyklisch abfragt. Dies erlaubt außerdem das sofortige Erkennen von Fehlern in den Unterstationen.

Die Datenverarbeitungsfunktionen der seriellen Schnittstelle
(vgl. Bild 7/11),die Speicherung, Verwaltung und Manipulation von Daten bzw. das Realisieren von Bedienfunktionen in
der Systemsteuerstation und in den Unterstationen ist am
kostengünstigsten und am anpassungsfähigsten mit je einem
aktiven Teilnehmer pro Station durchzuführen. Die Ankopplung von E/A-Geräten, wie Lochkartenleser, Bildschirm,
Tastaturen, Drucker u.ä., deren Anzahl von Station zu Station unterschiedlich sein kann, erfolgt mit dem in Kap. 7.3.4
beschriebenen Teilnehmer.
Als aktiver Teilnehmer wurde der zum 8080-Mikroprozessor
kompatible Mikroprozessor Z80 eingesetzt. Gegenüber dem 8080
weist er eine verbesserte Interruptstruktur, mit der sich bis
256 Interruptebenen direkt anspringen lassen, leistungsfähi-
gere E/A-Bausteine und einen verbesserten Befehlsvorrat auf.
Neben Einzelbits-Test- und Setzbefehlen existieren Befehle
zur Bearbeitung von 16 bit-Daten und Transportbefehle für
gesamte Datenfelder, die für den Blocktransfer zwischen
BDE-Prozessor und den seriellen Empfangs- und Sendeeinheiten
besonders günstig sind. Insgesamt gesehen benötigt der Z80-
Prozessor einen geringeren Buskoppelaufwand als der 8080.

## 8 Zusammenfassung

Die in großer Zahl zur Verfügung stehenden Halbleiterbauelemente reduzieren den Steuerungsaufwand und ermöglichen
neue modulare an die Steueraufgabe nach Art und Umfang an-
paßbare Steuersysteme, die vom Werkzeugmaschinenhersteller
selbst projektiert und geändert werden.

Im ersten Teil dieser Arbeit verdeutlicht eine Analyse
bestehender Steuersysteme eine Lösungsvielfalt hinsichtlich
Struktur und Aufbau.

Der aus heutiger Sicht anzustrebende modulare Aufbau fordert eine der funktionsmäßigen Gliederung entsprechende
Realisierung. Die Anforderungen an ein derartiges umfassendes System seitens der Hersteller und Anwender, sowie seitens der Steuerfunktionen und der Halbleitertechnik ergeben
den Wunsch nach Vereinheitlichung und flexiblen Steuerkompo-
nenten.

Eine wesentliche Voraussetzung ist die Definition von allge-
meingültigen Schnittstellen zwischen einzelnen Funktionseinheiten, die als Teilnehmer miteinander Daten austauschen.
Bussysteme bieten hierzu die günstigsten Eigenschaften. Deswegen wurde eine Analyse der Kennzeichen von Bussystemen
durchgeführt und einige wesentlich Bussysteme, die den derzeitigen Entwicklungsstand verdeutlichen, auf Einsatzfähig-
keit in einem modularen Steuersystem untersucht.

Die hier vorgestellte interne Parallel- und externe Seriell-
busschnittstelle resultiert aus den Analysen der NC-Funktionen, des Datenaustausches zwischen diesen Funktionen und
aus der Struktur und Arbeitsweise der Halbleiterbauelemente.

Das Einbeziehen zusätzlicher Funktionen, die zum Optimieren
des Prozeßablaufs dienen, z.B. Betriebsdatenerfassung, Über-

wachung und Diagnose, gewinnen zunehmend an Bedeutung, da
sie entscheidend die Stillstandszeiten verkürzen helfen und
Schwachstellen erkennen lassen. Im Rahmen dieser Arbeit
entwickelte Teilnehmer zur Betriebsdatenerfassung und Datenübertragung, gestatten im Zusammenwirken mit einem Eingriffsensor Überwachungen der geometrischen und technologischen
Steuerdatenverarbeitung durchzuführen sowie Steuer- und
Betriebsdaten zwischen Steuerdatenverteil- und -verarbei-
tungsebene zu übertragen. Die Teilnehmer sind mit den entwickelten Busschnittstellen aufgebaut und für den Teilbetrieb
bzw. die Integration in ein Mehrprozessorsteuersystem geeignet.

Zwei Einsatzbeispiele stehen am Schluß der Arbeit.
An einer Fräsmaschine führt das System im Teilbetrieb die
genannten Überwachungs- und Diagnosefunktionen durch und
liefert Daten in vorverarbeiteter Form einem übergeordneten
Rechner. Beim zweiten Einsatzfall dient das System in der
konventionellen Fertigung zum Erfassen von Fertigungsdaten
und zur Ausgabe von Anweisungen. Über den entwickelten
Seriellbus übergeben einzelne dezentrale Stationen die vor-
verarbeiteten Daten einem übergeordneten Rechner.

# Berichte aus dem Institut für Steuerungstechnik der Werkzeugmaschinen und Fertigungseinrichtungen der Universität Stuttgart

## Herausgegeben von Prof. Dr.-Ing. G. Stute

**Bereits erschienen:**


ISW 1: D. Schmid, Numerische Bahnsteuerung, 89 S., 1972

ISW 2: H. Schwegler, Fräsbearbeitung gekrümmter Flächen, 111 S., 1972

ISW 3: J. Eisinger, Numerisch gesteuerte Mehrachsenfräsmaschinen, 90 S., 1972

ISW 4: R. Nann, Rechnersteuerung von Fertigungseinrichtungen, 125 S., 1972

ISW 5: G. Augsten, Zweiachsige Nachformeinrichtungen, 140 S., 1972

ISW 6: B. Karl, Die Automatisierung der Fertigungsvorbereitung durch NC-Programmierung. 121 S., 1972

ISW 7: H. Eitel, NC-Programmiersystem, 117 S., 1973

ISW 8: E. Knorr, Numerische Bahnsteuerung zur Erzeugung von Raumkurven auf rotationssymmetrischen Körpern, 130 S., 1973

ISW 9: S. Bumiller, Viskohydraulischer Vorschubantrieb, 123 S., 1974

ISW 10: K. Maier, Grenzregelung an Werkzeugmaschinen, 140 S., 1974

ISW 11: J. Waelkens, NC-Programmierung, 160 S., 1974

ISW 12: E. Bauer, Rechnerdirektsteuerung von Fertigungseinrichtungen, 138 S., 1975

ISW 13: H. König, Entwurf und Strukturtheorie von Steuerungen für Fertigungseinrichtungen, 206 S., 1976

ISW 14: H. Damsohn, Fünfachsiges NC-Fräsen, 143 S., 1976

ISW 15: H. Jetter, Programmierbare Steuerungen, 141 S., 1976

ISW 16: H. Henning, Fünfachsiges NC-Fräsen gekrümmter Flächen, 180 S., 1976

ISW 17: K. Boelke, Analyse und Beurteilung von Lagesteuerungen für numerisch gesteuerte Werkzeugmaschinen, 105 S., 1977

ISW 18: F.-R. Götz, Regelsystem mit Modellrückkopplung für variable Streckenverstärkung, 116 S., 1977

ISW 19: H. Tränkle, Auswirkungen der Fehler in den Positionen der Maschinenachsen beim fünfachsigen Fräsen, 103 S., 1977

ISW 20: P. Stof, Untersuchungen über die Reduzierung dynamischer Bahnabweichungen bei numerisch gesteuerten Werkzeugmaschinen, 118 S., 1978

ISW 21: R. Wilhelm, Planung und Auslegung des Materialflusses flexibler Fertigungssysteme, 158 S., 1979

ISW 22: N. Kappen, Entwicklung und Einsatz einer direkten digitalen Grenzregelung für eine Fräsmaschine mit CNC, 112 S., 1979

ISW 23: H.G. Klug, Integration automatisierter technischer Betriebsbereiche, 125 S., 1978

ISW 24: D. Binder, Interpolation in numerischen Bahnsteuerungen, 130 S., 1979

ISW 25: O. Klingler, Steuerung spanender Werkzeugmaschinen mit Hilfe von Grenzregeleinrichtungen (ACC), 125 S., 1979

ISW 26: L. Schenke, Auslegung einer technologisch-geometrischen Grenzregelung für die Fräsbearbeitung, 113 S., 1979

ISW 27: H. Wörn, Numerische Steuersysteme. Aufbau und Schnittstellen eines Mehrprozessorsteuersystems, 140 S., 1979

Springer-Verlag
Berlin · Heidelberg · New York